表2 10のべき乗の記号

負のべき乗			正のべき乗		
記号	読み（英語）	べき	記号	読み（英語）	べき
d	デシ（deci）	10^{-1}	da	デカ（deca）	10
c	センチ（centi）	10^{-2}	h	ヘクト（hecto）	10^2
m	ミリ（milli）	10^{-3}	k	キロ（kilo）	10^3
μ	マイクロ（micro）	10^{-6}	M	メガ（mega）	10^6
n	ナノ（nano）	10^{-9}	G	ギガ（giga）	10^9
p	ピコ（pico）	10^{-12}	T	テラ（tera）	10^{12}
f	フェムト（femto）	10^{-15}	P	ペタ（peta）	10^{15}
a	アト（atto）	10^{-18}	E	エクサ（exa）	10^{18}
z	ゼプト（zepto）	10^{-21}	Z	ゼタ（zetta）	10^{21}
y	ヨクト（yocto）	10^{-24}	Y	ヨタ（yotta）	10^{24}

表3 自然定数

自然定数	記号	数値
円周率	π	$3.14159265\cdots$
自然対数の底	e	$2.718281828\cdots$
真空中の光速	c	299792458 m/s
素電荷	e	$1.602176634 \times 10^{-19}$ C
万有引力定数	G	6.67430×10^{-11} N・m²/kg²
電気力の比例定数	k_e	8.9875517923×10^9 N・m²/C²
真空の誘電率	ε_0	$8.8541878128 \times 10^{-12} \simeq \dfrac{10^7}{4\pi c^2}$ F/m
真空の透磁率	μ_0	$1.25663706212 \times 10^{-6} \simeq 4\pi \times 10^{-7}$ H/m
アボガドロ定数	N_A	$6.02214076 \times 10^{23}$/mol
気体定数	R	8.31446261815324 J/（K・mol）
ボルツマン定数	k_B	1.380649×10^{-23} J/K
電子の質量	m_e	$9.1093837015 \times 10^{-31}$ kg
陽子の質量	m_p	$1.67262192369 \times 10^{-27}$ kg

理工系の 物理学入門
スタンダード版

大成逸夫　田村忠久　渡邊靖志
共　著

相澤啓仁　池田大輔　宇佐見義之　有働慈治
客野遥　佐々木志剛　清水雄輝　竹川俊也
多米田裕一郎　西野晃徳　松田和之　山内大介
編　集

裳　華　房

Introduction to Classical Physics for Science and Engineering

Standard edition

by

Itsuo Ohnari, Dr. Sc.
Tadahisa Tamura, Dr. Sc.
Yasushi Watanabe, Dr. Sc.

SHOKABO
TOKYO

JCOPY 〈出版者著作権管理機構 委託出版物〉

刊行にあたって

　大学において理工系分野の新たな知識をいろいろと学んでいく上で，物理学は重要な基礎の1つとなっています．高校でも物理学を学びますが，高校によって履修科目や理科の重点科目が異なる場合があります．また，大学の入学試験では理科などの受験科目が選択制になっていることがあり，受験勉強で物理学を復習しない場合もあります．これらの差異から，大学入学時点での物理学の習熟度にはどうしても個人差があるのが実状です．なかには，物理学を一から学びたい人や，高校物理の再確認をしたい人も含まれていると思います．そのような状況において，大学生活の同じスタート地点に立った皆さんが，これから学ぶ物理学の科目，さらには物理学を応用する専門科目へと進んでいけるように，物理学について高校から大学への橋渡しをすることを目的とした教科書として，2011年に『理工系の物理学入門』が刊行されました．

　今回の改訂では，初版の刊行から6年にわたり，工学部の各学科において初学年の物理学の授業に『理工系の物理学入門』を教科書として使用してきた経験をもとに，より授業に即した教科書にすることを目標としました．改訂のための検討作業では，実際に授業で教科書を使用している教員の意見を取り入れ，例えば，本文については内容をなるべく保ちつつ，授業中の演習などに活用しやすいように，「問題」や「図」や「発展事項」を精選しました．また，より廉価で教科書を提供できるように，ページ数を削減するためのレイアウト変更なども行いました．

　改訂前の本文の内容のうち，第1章1.2節の「物理学と数学」，第8章の「流体の力学」，第10章10.4節の「相転移」については削除しました．「流体の力学」と「相転移」については，さらに進んだ物理学の科目にその説明を譲り，より基礎的な項目だけを残すことにしました．また，本文中の「例題」や「問題」を解いて理解することで，必要最低限の基礎力は修得できるという判断から（本当にすべての「例題」と「問題」を理解して，そして自力で解けるのであれば，最低限というよりも，むしろ充分といえるでしょう），章末の「演習問題」については基本的に削除しました．ただし，授業中に使う演習問題として残したほうがよいと思われるものは，本文中に移動して「問題」として残しました．なお，数学的に高度と思われる問題には＊印をつけてあります．「コラム」については，なかなか評判がよかったようですが，ページ数削減を優先して，残念ではありましたが削除することにしました．

　これらの改訂作業では，裳華房の石黒さんにいろいろとご尽力いただき，校正作業で細かい点までご確認いただくなど，大変お世話になりました．この場をお借りして心からお礼を申し上げます．

　理工系の学生の皆さんは，物理学の授業のみならず他の科目や実験などでも忙しく，休日

も課題やレポートのためにつぶれてしまう，という話をよく耳にします．そのようななかで，大学での勉学にいそしむ学生の皆さんの効率的な物理学の修得に，本書が一役買うようになることを期待しています．

平成 29 年 10 月

執筆者一同

目　　次

第1章
物理学とは？なぜ物理学を？

第2章
物体の位置，速度，加速度

第3章
力学の基本法則

第4章
質点の静力学

第 5 章
質 点 の 運 動

第 6 章
エネルギー保存則，運動量保存則

第 7 章
大きさのある物体の静力学

第 8 章
波　　　動

第 9 章
熱平衡状態と温度

第 10 章
熱学，熱力学第 1 法則

第 11 章
熱力学第 2 法則

第 12 章
電 荷 と 電 場

第 13 章
電位差とコンデンサー

第 14 章
電 流 と 抵 抗

第 15 章
電 流 と 磁 場

第 16 章
電磁誘導と電磁波

第1章
物理学とは？ なぜ物理学を？

学習目標

- 物理学とは何か，なぜ物理学を学ぶ必要があるのかを納得する．
- その上で，同じく理工学にとって重要な数学との関係を理解し，物理学を学習する上で重要なことがらを習得する．
- 非常に強力な次元解析の方法を身に付ける．
- 有効数字について習熟し，数値計算において物理学的に正しい数値を得ることができるようになる．

キーワード

単位，次元，SI 単位，物理量（物理変数，物理定数），次元解析，誤差，有効数字

物理学とはなんだろう．なぜ物理学は理工学の基礎といわれるのだろうか．そして，どのようにしたら物理学に強くなれるのであろうか．それを理解するためには，まず物理学が対象とする世界を概観する必要がある．そこでは物理量が定義され，それを定量化する単位が定義される．たくさんの単位があり，煩雑に見えるが，実は，ほとんどは3つ，または4つの基本単位の組み合わせで表されることを，まず学ぼう．

次に，物理学と数学との関係について見てみよう．物理学と密接な関係をもつ数学との違い，数学との関係を明らかにすることによって，「物理学とは」という問いの答えがわかってくるだろう．そして，理工学にとって，なぜ物理学を学ぶことが必須とされているかが見えてくるだろう．

さらに，物理学を扱う上で常に頭に入れておくべき，「物理学の心得」ともいうべきことを学ぼう．

1.1 自然界のスケールと単位，および次元

物理学の研究の対象は，自然界のすべてのものである．自然界のものは，千差万別である．それらは，大きさ，形，材質，色，硬さ，重さなどさまざまな特質（これらはすべて**物理量**（physical quantity）とよばれる）をもっている．物理学は，それらの差異にかかわらず，普遍的な**法則**（law）[1] や**原理**（principle）[2] が成り立っていることを発見し，それを

---

[1] 法則とは，自然界の物理量の間に成り立つ関係をいう．常に成り立つ場合もあれば，特殊な場合，あるいは近似的にしか成り立たない法則もある（例えば，オームの法則は，半導体や超伝導体では成り立たない）．

[2] 原理とは，数学での公理に対応し，証明できない真理をいう．物理学には約50の原理が設定されている．

もとに自然界を理解し記述する学問である．その上で，それらの差異も研究対象とする．

　この節では，まず，ものの特質を定量化する**単位**（unit），**単位系**（system of units），および**次元**（dimension）について述べよう．

●1.1.1● 長　さ

　最初に，ものの大きさについて考えてみよう．原子や分子は小さいが，銀河は大きい．大きい小さいを定量的に表す基本となる量は，**長さ**（length）である．昔は，国や民族など文明圏ごとに固有の長さの基準が使われていた．しかし，これでは交易などに大変不便なので，現在では世界共通の長さの単位として，1メートル（m）が基準の長さとして定義されている．この単位で表すと，原子の大きさは，

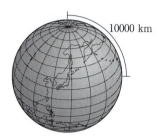

図 1.1　もともとの 1 m の定義（地球の子午線の周り一周 ＝ 40000 km）

およそ 10^{-10} m，我々が住む銀河系の直径は，およそ 10^{18} km である．

　1 m のもともとの定義は，地球の子午線に沿って，赤道から北極点までの距離の 1 千万分の 1 倍である（図 1.1）．すなわち，地球一回りの長さは，子午線の周りがぴったり 4 万 km，赤道の周りは，地球が膨らんでいるため，4 万 km より約 0.2% 長い（図 1.1）．なお，より精密に長さを定義する必要性から，メートル原器が作製された．しかし，さらに高精度に定義する必要性から，現在では，真空中を光が 1 秒間に走る距離の 299792458 分の 1 を 1 m と定義している．

●1.1.2● 質　量

　物理学が対象とするものには，軽いものも重いものもある．電子は軽く，地球は重い．物体の軽い重いの違いは，正確には**質量**（mass）の違いとして表す．質量の単位は 1 キログラム（kg）である．この単位で表すと，電子の質量は約 9×10^{-31} kg，地球の質量は，およそ 6×10^{24} kg である．

　歴史的には，1 L の水の質量を 1 kg として定義していたが，1889 年からは，直径，高さともに 39 mm の円柱形のプラチナ（白金 90%，イリジウム 10%）製の**キログラム原器**(International

図 1.2　キログラム原器（国立研究開発法人産業技術総合研究所 提供）

Prototype Kilogram）の質量を 1 kg と定義していた（図 1.2）．更に質量の定義は 2019 年 5 月に改定され，現在では，プランク定数 h の値を $6.62607015 \times 10^{-34}$ ［Js］と固定値とすることで 1 kg を定義している．

●1.1.3● 時　　間

　次に，時間について述べよう．物理現象のなかには，非常に短時間に終了するものもあれ
ば，極めて長時間継続するものもある．本書で扱う古典物理学（classical physics）の範囲
では，空間とは独立に**時間**（time）があり，過去から未来へ向けて一様に流れているとして
よい[*3]．時間は 1 秒（s）を単位としてはかる．この単位ではかると，素粒子（物質の「最
小の構成粒子」）の大部分は，寿命がたった 10^{-23} s である．一方，宇宙の年齢は，現在約
137 億歳，すなわち 4.3×10^{17} s とされている．

　もともとは，地球の 1 日を 24 時間とし，1 時間を 60 分，1 分を 60 秒として定義された．
しかし現在では，光を用いて正確に 1 秒を定義している（表 1.1）．

表 1.1 SI 単位における基本単位の定義（国立天文台 編：「理科年表 令和 2 年版」（丸善出版，2020 年）を参
考に作成）

物理量	記号	単位	定義（備考）
長さ	l	1 m	真空中を光が 1/299792458 秒間に進む距離（メートル原器から変更）
質量	m	1 kg	プランク定数 $h = 6.62607015 \times 10^{-34}$［Js］と固定値とすることで定義される（周波数が $(299792458)^2/h$［Hz］の光子のエネルギーと等価な質量）
時間	t	1 s	^{133}Cs 原子の基底状態の 2 つの超微細準位（$F = 4$, $M = 0$ と $F = 3$, $M = 0$）間の遷移放射の 9192631770 周期の継続時間
電流	I	1 A	素電荷 $e = 1.602176634 \times 10^{-19}$［C＝As］と固定値とすることで定義される（1 秒間に電子が $1/e$ 個通過したときの電流の値）
熱力学的温度	T	1 K	ボルツマン定数 k_B を 1.380649×10^{-23}［JK^{-1} = kg m^{2}s^{-2}K^{-1}］と固定値とすることで定義される（物質に内在する熱量［J］の $1/k_B$）
物質量	n	1 mol	アボガドロ定数 $N_A = 6.02214076 \times 10^{23}$ と固定値として，1 mol は N_A 個の要素粒子（分子や原子など）を含む
光度		1 cd	周波数 540×10^{12} Hz の単色放射を放出し，所定の方向の放射強度が 1/683 W/sr である光源の，その方向の光度（sr（ステラディアン）は立体角の単位）

●1.1.4● SI 単位

　このように，自然界のものを定量的に表そうとすると，その長さ，質量などの量を数値で
与える必要がある．それらの数値は，基準の単位を変えると異なった数値になってしまう．
例えば，1 インチとは 2.54 cm の長さである．用いる一連の単位の基準を定めたものが，単
位系である．単位系が国や地方によって異なっていると，大変不便である．実際，アメリカ
ではいまだに，長さの単位としてインチ，フィート，ヤード，マイル，質量の単位としてポ
ンドなどが用いられていて，いちいち換算しないと比べられない．

　そこで，単位系を世界的に統一しようということになり，決められたのが国際標準単位
系，すなわち，**SI 単位**（Le Système International d'Unités）である．

　[*3]　**一般相対性理論**（general relativity）によると，時間の経過は，観測する系によって異なる．その
日常的な例を 1 つ挙げよう．GPS（Global Positioning System）では，人工衛星と地上とでの，重力の大き
さの違いによる時計の進みの効果を補正しないと，正しく位置が特定できない．GPS 衛星では，地上に比
べて，1 秒当り 4.4×10^{-10} 秒だけ速く進む．

　SI 単位での電流の単位はアンペア（A）（表 1.1）であり，これを決めることによって電磁気現象の単位系が定まる．**MKSA**，すなわち，メートル（m），キログラム（kg），秒（s），アンペア（A）は，SI 単位における 7 つの基本単位のなかでも基本となる単位である．表 1.1 に，7 つの基本単位の定義をまとめる．熱力学的温度（絶対温度）と物質量は，本書では第 9 章 ～ 第 11 章で用いるが，光度は用いない．

●1.1.5● 物理量と次元

　物理現象を記述するとき，その現象を特徴付ける量を用いる必要がある．そのような量を**物理量**という．例えば，物体（自然界のなかのもの）を表すのに，その大きさ（差し渡しの長さなど）や質量を与える必要がある．長さや質量は，物理学で用いられる数々の物理量の，ほんの一例である．物理量は，物理変数と物理定数とに分けられる．**物理変数**（physical variable）は，物体の特質を表すための変数であり，ものによっていろいろな値をとり得る．一方，**物理定数**（physical constant）は一定の値をもつ．

　物理量は，それぞれ固有の単位をもっている．力学に現れる物理量は，MKS の 3 つの基本単位の組み合わせになっている．例えば，力の単位 1 ニュートン（N）は 1 kg·m/s² である（(1.1) 参照）．

　SI 単位以外の単位系，例えば cgs 単位系（長さの単位を 1 cm，質量の単位を 1 g，時間の単位を 1 s とする）を用いると，長さの数値は 100 倍，質量の数値は 1000 倍になる．したがって，異なる単位系を用いると，同じ物理量でも，その数値が全く異なることに注意しなければならない*4．

> **問題 1.1**　単位の変換
> 以下に挙げた別の単位系で表した物理量を，SI 単位の量に直しなさい．
> （1）標準状態の空気の密度：$1.3 \times 10^{-3} \, \text{g/cm}^3$　　（2）面密度：$2.1 \, \text{g/cm}^2$
> （3）速さ：$72 \, \text{km/h}$

　7 つの基本単位は互いに独立である．なかでも力学の物理量は，長さ，質量，時間という 3 つの物理量で表される．そのため，どの物理量も，それを異なる単位系で表すと，数値が異なるだけで，長さ，質量，時間の 3 つの物理量の組み合わせ方は，どの単位系でも同じである．

　いま，任意の単位系で，長さを表す物理量を変数 L で表そう．このことを [長さ] $= L$ と書き，「長さの**次元**は L である」と読む．同様に [質量] $= M$，[時間] $= T$ で表すことにしよう．すると，例えば [力] $= ML/T^2$ となる．

　なぜ，これらを次元とよぶのであろうか．2 次元の面積は L^2，3 次元の体積は L^3 と表さ

れる．私たちは 3 次元空間に住んでいる．**相対性理論**（relativistic theory）[*5] では，3 次元の空間に時間を加えて，4 次元の世界として考える．ここでは，さらに質量も 1 つの新たな次元として加えて考えることにしている．

多くの物理法則や物理現象は，物理量の間の関係式として表される．**物理学に現れる関係式においては，左右両辺，および各項の次元が一致していなければならない**．例えば，3.2 節で運動の第 2 法則を説明するが，それは

$$質量 \times 加速度 = 力 \tag{1.1}$$

という関係式で表される．［加速度］$= L/T^2$ なので，この関係式の左右両辺で，次元が一致していることがすぐわかるであろう．

このことを利用した**次元解析**の例を，以下に挙げよう．これは，次元の情報から物理量の間の関係式が求まってしまうという，大変強力な手法である．

次の例題では，振り子の周期（1 往復する時間，または始めの状態に戻るのに必要な時間）τ（タウ[*6]）が，次元解析により，他の物理量の組み合わせで表せることを見よう．

例題 1.1　次元解析の 1 例

長さ l のひもの一端に質量 m の物体をつり下げて，振り子をつくる（図 1.3）．物体にはたらく重力の大きさは，重力加速度の大きさを g とすると，mg と表せる．振り子を微小振動させたときの周期 τ は，この系の運動に関与している m, l, g で決まるはずである．τ は，m, l, g のどのような組み合わせで与えられるか．

［**解**］周期の次元は T，すなわち，$[\tau] = T$ である．α, β, γ を未知定数として，

$$\tau = Cm^\alpha l^\beta g^\gamma \tag{1.2}$$

図 1.3　振り子

と表されるとしよう[*7]．ここで，C は単位をもたない**比例係数**（coefficient，または constant）である．

（1.2）を次元で書くと，加速度の単位は L/T^2 であるから，

$$T = M^\alpha L^\beta (L/T^2)^\gamma = M^\alpha L^{\beta+\gamma} T^{-2\gamma} \tag{1.3}$$

となる．両辺で次元は等しく，また各次元のべきは等しいことから，$\alpha = 0$，$\beta + \gamma = 0$，$\gamma = -1/2$，すなわち，$\alpha = 0$，$\beta = 1/2$，$\gamma = -1/2$ と求まる．よって周期 τ は

$$\tau = C\sqrt{\frac{l}{g}} \tag{1.4}$$

---

*5　相対性理論は，特殊相対性理論と一般相対性理論の 2 つに分類される．前者は，空間と時間の 4 次元の世界での対称性について，後者は，それをさらに発展させて，重力をも含めた理論体系である．アインシュタインがその確立に中心的役割を果たした．

*6　ギリシャ文字の 1 つ（見返しの表 4 参照）．このように物理学では，ギリシャ文字も積極的に使う．他の章では，T を周期の変数の意味で用いるが，この章では，文字 T は，時間の次元として使ってしまっているので，ギリシャ文字を使った．

*7　ある単位が，別の複数の単位の組み合わせで表されるとき，必ず，各単位のべき乗の積で与えられることを使っている．

で与えられ，質量にはよらないことがわかる．なお，C の値は，次元解析のみでは決められない，無次元の比例係数である．運動方程式を立てて計算すると，微小振動の場合，$C = 2\pi$ になる（5.2節，例題5.9）．

1.2　誤差と有効数字

物理学での数値は，一般に誤差をもっている．それは，物理量の数値が，通常，測定して決めるものだからである．誤差といっても，値が間違っている訳ではない．真の値は決して知り得ないが，真の値に比べてどれだけ近いのかを表す量が，**誤差**（error）である．

例えば，ものの長さをはかるにはものさしを使う．ものさしの目盛は，普通 1 mm まで刻んである．そこで，1 mm 以下の数値は目分量で読むが，当然不正確である．普通のものさしを使って 12.34 mm とはかったとしよう．このとき，最後の 4 は全く意味がない．また，このときの**有効数字**（significant digit）は 3 桁（つまり 12.3 となる）であって，最後の 3 は 2 かも知れないし，4 かも知れない．

物理学の数式の中には，誤差のない数値も含まれる．例えば，距離 r [m] 離れた電荷 q_1 [C] と q_2 [C] の間にはたらくクーロン力 F [N] は，

$$F = \frac{1}{4\pi\varepsilon_0} \frac{q_1 q_2}{r^2} \text{ [N]} \tag{1.5}$$

と表される（12.1節）．ここで，比例定数に現れる 4 と π は数学でいう数であり，無限の精度がある．比例定数を，ε_0 [F/m] と 4π との積で定義し直したともいえる．一方 r^2 の 2 は，整数の 2 と考えられている．（これについては，12.2節を参照のこと）．また，4，π，2 の数値は，単位をもたない．もう 1 つ，定義として誤差をもたない量が光速 c であり，$c = 299792458$ m/s と決められている[*8]．

●1.2.1●　測定誤差と有効数字

上では長さの測定誤差について述べたが，長さに変換してはかられる物理量も多い．例えば温度計，水銀柱を用いる気圧計，そして，ばね秤などが思い浮かぶ．アナログの電流計や電圧計も，針の指す目盛を読む．これらの測定精度は，最小目盛の数分の 1 くらいであろう．デジタルで表示される測定器では，表示の桁数の精度がありそうだが，繰り返して測定すると，そのつど数値がばらつく．いつも同じ値を示す部分の数値が，有効数字ということになろう．それに対して，数学での数値は無限の精度をもつと考える．ここでは，測定機器の狂い，すなわち，**系統誤差**（systematic error）の補正については述べない．

有効数字を考える上で，重要なのは 0 という数字の役割である．**0 には，位どりの 0 と有効数字としての 0 がある**．例えば，長さ 1000 mm といったとき，1 m を意味するのか，そ

---

*8　秒の定義がより正確であること，および，真空中を進む光速は一定であること（光速不変の原理）からの定義である．すなわち，光が真空中を 1/299792458 秒間に進む距離を，1 m と定めているのである．

れとも 1.0 m, 1.00 m, 1.000 m を指すのかでは，精度が全く異なる．一般に最後の桁の数字は，それ以下の桁を四捨五入して得られたものと思えばよい．したがって，物理学で 1 m と書いたときには，実際の長さ l [m] は，一般に $0.5\,\mathrm{m} \leq l < 1.5\,\mathrm{m}$ を意味する．同様に，1.000 m は $0.9995\,\mathrm{m} \leq l < 1.0005\,\mathrm{m}$ を意味し，精度が全く異なることがわかる．

それでは，1000 mm をどのように書けば，精度まで表せるのだろうか．1 の位の数値まで精度がある場合には，$1.000 \times 10^3\,\mathrm{mm}$ と書けばよい．すなわち，このときの 0 は有効数字を表す 0 であって，位どりの 0 ではない．この場合，「有効数字は 4 桁である」という．

例題 1.2 **有効数字の桁数**

次に示す数値の有効数字の桁数を答えなさい．

（1）0.001200　（2）0.1200　（3）12.00　（4）1200

（5）12000　（6）1.2×10^6　（7）1.2×10^{-6}

[解]（1）〜（3）は 1.200×10^x と書けるので 4 桁，（4）と（5）は不定（有効数字が問題になるとき，このような書き方は厳禁である！），（6）と（7）は 2 桁（必ずこのような書き方をすること）．

●**1.2.2**● **加減の計算**

このような，誤差をもった数値を足したり引いたりするときには，どのようなことに注意すべきであろうか．まず注意すべきことは，**単位を揃えること**である．もともと，kg と m のように別の単位が混じった数値の加減は，意味がない．ここでいうのは，例えば mm, cm, m などが混在するとき，1 つの単位に統一して計算を行うべきということである．

次に重要なのは，測定誤差である．加減の計算では，**絶対精度**[*9]（absolute accuracy）が問題になる．次の例題で，そのことについて学ぼう．

例題 1.3 **加減の計算**

有効数字に注意して次の計算をしなさい．

$$12.3\,\mathrm{m} + 152\,\mathrm{cm} - 125\,\mathrm{mm} \tag{1.6}$$

[解] 単位を揃えよう．例えば m に揃えると

$$12.3\,\mathrm{m} + 1.52\,\mathrm{m} - 0.125\,\mathrm{m} = 13.695\,\mathrm{m} \tag{1.7}$$

となる．ここまでは電卓などを利用して計算してよい．数学ならば，これで正解である．しかし物理学では，これだけでは間違いといってよい．なぜなら，最初の数値 12.3 m に関して，最後の 3 は 1 つ下の桁を四捨五入した値と考えられ，すでに誤差をもっている．そこで，精度はこの 12.3 で決まるとして

[*9] 誤差の絶対値，その値が小さいほど精度がよい．例えば，1 mm まで測れるものさしと，0.01 mm まで正確に測れる測定器具では，後者での測定値の方が絶対精度が高い．

$$
\begin{array}{rl}
12.3 & \text{m} \\
+\ \ 1.52 & \text{m} \\
-\ \ 0.125 & \text{m} \\
\hline
13.695 & \text{m} \\
\simeq\ 13.7 & \text{m}
\end{array}
\tag{1.8}
$$

とするのが，物理学での正解である[*10]．すなわち，**加減の計算では，計算に使う数値のうち，一番粗い数値の「位」に答えの数値を合わせる必要がある（お尻を揃える！）．**

・・

問題 1.2   単位付きの数値の加減の計算

有効数字に注意して次の計算をしなさい．

（1）　$2.1\,\text{m} + 24\,\text{cm} - 1442\,\text{mm}$

（2）　$2.1\,\text{h} + 24\,\text{min.} - 1442\,\text{s}$

（3）　$2.10532\,\text{kg} + 240.2\,\text{g} - 144205\,\text{mg}$

●1.2.3● 乗除の計算

数値の乗除の計算については，単位は混在していて構わないが，それぞれ SI 単位にまず変換しておくと間違いが少ない．ここでは，計算結果の誤差を決めるのは，一番精度が粗い数値である．すなわち，**相対精度**[*11]（relative accuracy）が重要である．

・・

例題 1.4   乗除計算と有効数字

体重 $m = 65\,\text{kg}$ の人にはたらく重力を求めなさい．ただし，重力加速度の大きさは $g = 9.7973641\,\text{m/s}^2$ である．

[**解**]　体重の数値は $64.5 \sim 65.5$ の間だから，意味のある数値は 2 桁であり，

$$
mg = 65 \times 9.7973641 = 636.828 \simeq 6.4 \times 10^2\,\text{N}
\tag{1.9}
$$

が答えとなる．すなわち，**乗除の計算では，有効桁数が一番小さい数値の桁数に，答えの数値の有効桁数を合わせなければならない．**

・・

問題 1.3   単位付きの数値の乗除の計算

有効数字に注意して次の答えを求めなさい．

（1）　半径 $25.1\,\text{mm}$，高さ $23\,\text{cm}$ の円柱の体積

（2）　（1）の材質が密度 $2.70\,\text{g/cm}^3$ のときの質量

（3）　重力加速度の大きさが $9.7973641\,\text{m/s}^2$ として，この円柱にはたらく重力

[*10]　記号 $\simeq$ は，「ほぼ等しい」という意味で用いる．

[*11]　誤差を測定値（または公値（正しいとされる値））で割った値（%（パーセント）などで表す）．誤差が同じとき，有効数字の桁数が大きいほど相対精度が高い．

第❷章
物体の位置，速度，加速度

学習目標

・物体の運動を記述する際に本質的に重要な物理量である，質点と位置の概念をきちんと理解する．

・速度，加速度が，位置の1階および2階の時間微分で与えられることをしっかり理解し，基礎的な微分，積分を苦もなくできるようになる．

・ベクトルの概念を確立し，その微分，積分に習熟する．

キーワード

1次元の位置（x[m]），速度と速さ（$v = \dot{x}$[m/s]），加速度（$a = \dot{v} = \ddot{x}$[m/s²]），x-t図（ダイヤグラム），v-t図，a-t図，位置ベクトル（$\boldsymbol{r}$[m]），速度ベクトル（$\dot{\boldsymbol{r}}$[m/s]），加速度ベクトル（$\ddot{\boldsymbol{r}}$[m/s²]）

　力学とは，物体の力のつり合い，変形，運動を記述する学問体系である．物体の運動とは，物体の位置の時間変化である．まず1次元を考え，位置を時間の関数として定義しよう．物体の運動を正確に記述するには，速度や加速度の概念を使う．速度は位置の時間についての変化率，加速度は速度の時間についての変化率である．したがって，速度や加速度は微分法と結び付いている．まず1次元において，物体の位置，速度，および，加速度がどのように定義されるかを見ていこう．次にそれらを3次元に拡張し，ベクトルの概念を確立しよう．

2.1 位 置

　力学で扱う**物体**（physical body）は**空間**（space）のなかにあり，止まっていたり動いていたりする．動いている物体は，時間とともにその**位置**（position）が変わっていく．物体には大きさがあるから，一般には，物体の回転や変形も考慮に入れなければならない．

　しかしながら，物体の回転や変形を考えず，位置の変化だけを考えればよい場合が多い．そういう場合には，物体の大きさの効果は考えなくてよい．例えば，物体の重心の位置だけを追えばよい．すなわち，物体を点として扱ってよい（次項参照）．

　当面は1次元の運動を考えよう．すなわち，ある線に沿って物体が運動している場合を考える．線は，必ずしも直線でなくてもよい．例えば列車の位置を示すには，線路に沿って距

離を測ればよく，線路がカーブしていてもよい．そのとき，まず，線の一点を基点と定める．そこからの距離を x としよう．$x < 0$ の場合は，基点から逆方向への距離を意味する．

力学では物体の運動を扱う．このとき，**物体の位置 x は時間 t の関数であると考え，$x(t)$ と表す**．$x(t)$ が求まれば（物体の位置 x を，時間 t の関数として表すことができれば），物体の運動を記述できたことになる．力学では，運動方程式（3.2節）を解くことによって，物体の任意の時刻 t での位置などを知ることができる．

●2.1.1● 質　点

力学は物体の運動を扱うが，自然界には千差万別の物体が存在する．「物体」には，色，形，大きさ，質量，硬さ，材質などのさまざまな属性が付随する．しかし，物体の位置の変化だけを問題にする場合（すなわち，物体の回転や変形を考えない場合）には，物体の位置と質量だけが本質的である（3.2節）．そこで，**質点**（point particle）の概念が導入される．質点とは，物体の諸属性のうち，質量だけに着目して他のすべての属性を捨て去り，しかも物体の位置を1点，例えば重心で代表させたものである．すなわち，**質点とは質量をもった点である**．

質点の概念は，必ずしも小さい物体を意味しない．地球（半径約 6400 km）の公転運動を問題にするときは，地球を質点と見なして問題ない．しかし，酸素分子（大きさ約 10^{-10} m）の変形，振動，自転などを考えるときには，酸素分子のような微小のものさえ，質点と見なすわけにはいかない．

●2.1.2● x-t 図

縦軸を x（距離），横軸を t（時間）として，時々刻々の物体の動きを表したものを，**x-t 図**あるいは**ダイヤグラム**（diagram）という．列車のダイヤは，このダイヤグラムから来た言葉で，列車の運行が一目で見てとれる便利なものである[*1]．

━━━

例題2.1　**電車のダイヤ**

　A駅，B駅間を往復する電車は，A駅を5時に出発し，各駅で5分停車して25分かけてAB間を運行する．この電車の x-t 図を描きなさい．ただし，描く線は直線としてよい．

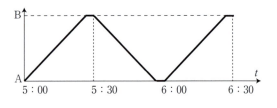

図 2.1　電車のダイヤグラム

[解]　図2.1のように描ける．

━━━

*1　明治時代，列車の時刻表作成を，欧米からの技師に頼らざるを得なかった．その作成は複雑過ぎて日本人技師たちにはできなかったためである．そのノウハウの伝授を迫って，やっとその秘密がダイヤグラムであることがわかった．

問題 2.1　　電車のダイヤ

A, B, C, D の，4つの等間隔の駅を結ぶ単線を往復運行する電車が，各駅で5分停車し，25分かけて各駅の間を走る．次の問いに答えなさい．

（1）　A駅5：00始発の電車のダイヤグラムを描きなさい．

（2）　各駅付近の線路を複線にして，電車がすれ違えるようにした．D駅をA駅に向けて，5：00以降一番早く出発して往復運転する電車のダイヤグラムを，（1）で描いた図に描き入れなさい．このとき，電車は駅に同時に着いて5分停車し，同時に発車するものとする．

（3）　（2）の状態で，（1）の電車の次に，A駅を出発する電車のダイヤグラムを描き入れなさい．ただし，電車は5：05より後に発車するとする．

2.2 速　　度

私たちは，「自動車が**速さ**（speed）60 km/h で走行している」など，感覚的に速さについて知っている．この節では，**速度**（velocity）を数学的に定義しよう．物理学では，速さは大きさのみ（スカラー量），速度は大きさと向きをもつ量（ベクトル量）として区別する．すなわち，**速度の絶対値が速さであり**，1次元の場合，同じく v と書いても，速さの場合は $v \geq 0$ であり，速度の場合，v は負の値もとりうることに注意しよう．$v < 0$ は，逆向き（x が減少する向き）に動いていることを表す．

●2.2.1● 平均速度

直線上（1次元）を動く物体について考えよう．物体の位置 x は時間の関数として表せる．時刻 t のとき，物体が $x(t)$ の位置にあるとしよう．時刻 $t + \Delta t$ での物体の位置は $x(t + \Delta t)$ なので，物体は，$\Delta x = x(t + \Delta t) - x(t)$ だけ移動したことになる（図 2.2 左）．Δx を**変位**（displacement）という．このとき**平均速度**（average velocity）$\bar{v}$ は，

$$\text{平均速度} \equiv \bar{v} = \frac{\text{進んだ距離}}{\text{かかった時間}} = \frac{\Delta x}{\Delta t} = \frac{x(t + \Delta t) - x(t)}{\Delta t} \ [\text{m/s}] \tag{2.1}$$

と定義される．$\bar{v}$ がわかっていると Δt の時間の間に，

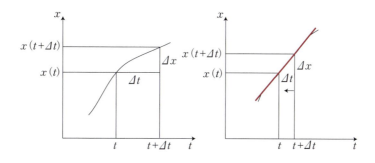

図 2.2　x-t 図，（左）平均速度と（右）瞬間速度

$$\Delta x = \bar{v}\,\Delta t \;[\mathrm{m}] \tag{2.2}$$

だけ移動したことがわかる.

●2.2.2● 速　度

（2.1）で $\Delta t \to 0$ の極限をとったものを，時刻 t での**瞬間速度**（instantaneous velocity），あるいは単に**速度**（velocity）といい，一般に時間 t の関数なので $v(t)$ と表す（図2.2右）. すなわち,

$$\boxed{\begin{aligned} \text{速度} \equiv v(t) &= \lim_{\Delta t \to 0} \frac{x(t+\Delta t) - x(t)}{\Delta t} = \frac{dx(t)}{dt} \\ &\equiv \dot{x}(t)\;[\mathrm{m/s}] \quad \text{（速度の定義式）} \end{aligned}} \tag{2.3}$$

である. ここで $dx(t)/dt$ は，$x(t)$ の1階の時間微分であり，上に1つドットを付けて表す[*2]. t の関数 $v(t)$ を，$x(t)$ の**導関数**という. また，$\dot{x} = dx(t)/dt \equiv v(t)$ は，$x\text{-}t$ 図における関数 $x(t)$ の，時刻 t での接線の傾きである. すなわち，**$x\text{-}t$ 図では，曲線の傾きが速度を表す.** 傾きが急なほど速さ（速度の絶対値）が大きく，水平な線は停止を表す. 負の傾きは，逆向き（x の減少する向き）に動いていることになる.

●数学的事項：極限と微分

ある変数を，ある値に近づける操作を「極限をとる」という. その結果，関数が有限な値をもつ場合，**収束**（convergence）するといい，得られた値を**極限値**（converged value，あるいは収束値）という. 特に，（2.3）では，$[x(t+\Delta t) - x(t)]/\Delta t$ という式において Δt を0に近づけていって，極限値は $dx(t)/dt$ という t の関数となる. このような場合の操作を，「**微分**（differentiation）する」という. 関数 $x(t)$ の t での微分は，$x(t)$ における t での接線の傾きを表す.

（2.3）では，単純に Δt をゼロとすると分母がゼロになり，値が発散するように見える. このような場合に重要なことは，Δt を有限に保ったまま，分子の Δt と約分し，その後 Δt をゼロに近づけることである（例題2.2）.

■■

（ 例題 2.2 ） **定義に基づく微分計算**

$x(t) = \dfrac{1}{2}at^2$ のとき，時刻 t での速度を求めなさい. ただし，a は定数である.

[*2] ドットは時間微分であることを強調し，$f(x)$ の x による微分 $f'(x)$ と区別するための記号である. エックスドットと読む.

[**解**]　(2.3) に $x(t)$ を代入する. 速度 $v(t)$ は以下のようになる.

$$v(t) = \lim_{\Delta t \to 0} \frac{x(t + \Delta t) - x(t)}{\Delta t} = \lim_{\Delta t \to 0} \frac{a}{2} \frac{(t + \Delta t)^2 - t^2}{\Delta t}$$

$$= \lim_{\Delta t \to 0} \frac{a}{2} \frac{2t\,\Delta t + (\Delta t)^2}{\Delta t} = \lim_{\Delta t \to 0} \frac{a}{2}(2t + \Delta t) = at\,[\mathrm{m/s}] \tag{2.4}$$

このように, 微分は定義式に戻ることによって計算できる. しかしながら, 初等関数の微分は頭に入れておく必要がある (見返しの表6参照).

2.3　加 速 度

速度が時間とともに変化しているとき, 速度の時間変化の度合いを表すのが, **加速度** (acceleration) である.

● 2.3.1 ●　平均加速度

平均加速度 (average acceleration) は, ある時間 Δt に速度が Δv だけ変化したとき, 次式で与えられる (図 2.3).

$$平均加速度 \equiv \bar{a} \equiv \frac{速度の変化分}{かかった時間} = \frac{\Delta v}{\Delta t} = \frac{v(t + \Delta t) - v(t)}{\Delta t}\,[\mathrm{m/s^2}] \tag{2.5}$$

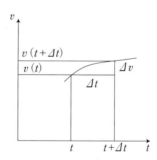

図 2.3　v - t 図と平均加速度

なお, SI 単位での加速度の単位は $\mathrm{m/s^2}$ である.

● 2.3.2 ●　加 速 度

平均加速度において, $\Delta t \to 0$ の極限の値を, ある時刻での**瞬間加速度** (instantaneous acceleration), あるいは単に**加速度** (acceleration) という. すなわち,

$$加速度 \equiv a(t) = \lim_{\Delta t \to 0} \frac{v(t + \Delta t) - v(t)}{\Delta t} = \frac{dv(t)}{dt} \equiv \dot{v}(t)$$

$$= \frac{d\left(\dfrac{dx}{dt}\right)}{dt} = \frac{d^2 x(t)}{dt^2} \equiv \ddot{x}(t)\,[\mathrm{m/s^2}]\quad(加速度の定義式) \tag{2.6}$$

である．加速度は位置 x の時間 t による2階微分である[*3].

　さらに高階微分も定義できる．しかし，力学では一般に不要である．通常，力学で必要なのは加速度まで，すなわち位置の2階微分までである（3.2節）．

2.4 $v\text{-}t$図，$a\text{-}t$図

　速度 v が時間 t の関数として与えられたとき，これをプロットしたのが **$v\text{-}t$図** である．速度は位置を微分したものであるから，逆に，位置の変化量（変位）は速度を積分して得られる．

　時刻 t_1 から t_2 の位置の変化量（変位）は，

$$\Delta x \equiv x(t_2) - x(t_1) = \int_{t_1}^{t_2} v(t)\, dt \;[\mathrm{m}] \tag{2.7}$$

で与えられ，図2.4左の面積（斜線）部分になる．速度が一定，すなわち，$v(t) = v_0 = $ 一定の場合は

$$\Delta x = v_0(t_2 - t_1)\;[\mathrm{m}] \quad (v(t) = v_0 = \text{一定の場合}) \tag{2.8}$$

となる．

　同様に，加速度 a が時間 t の関数として与えられたとしよう．これをプロットしたのが **$a\text{-}t$図** である．加速度は速度の微分であるから，逆に速度は加速度を積分して得られる．時刻 t_1 から t_2 の速度の変化量は

$$\Delta v \equiv v(t_2) - v(t_1) = \int_{t_1}^{t_2} a(t)\, dt \;[\mathrm{m/s}] \tag{2.9}$$

で与えられ，図2.4右の面積（斜線）部分である．加速度が一定，すなわち，$a(t) = a_0 = $ 一定の場合は

$$\Delta v = a_0(t_2 - t_1)\;[\mathrm{m/s}] \quad (a(t) = a_0 = \text{一定の場合}) \tag{2.10}$$

となる．

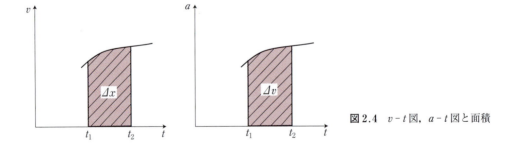

図2.4 $v\text{-}t$図，$a\text{-}t$図と面積

[*3]　(2.6) の2行目の第1式から，なぜ2階微分とよばれるかがわかる．$\ddot{x}$ はエックスツードットと読む．

● **数学的事項：導関数の積分**

$f(t)$ が $F(t)$ の導関数，すなわち，$f(t) = dF(t)/dt$ のとき，

$$\int_{t_A}^{t_B} f(t)\,dt = F(t_B) - F(t_A) \tag{2.11}$$

が成り立つ．これを2つの方法で示そう．

［方法1］　導関数の定義から導いてみよう．

$$\int_{t_A}^{t_B} f(t)\,dt = \int_{t_A}^{t_B} \frac{dF(t)}{dt}\,dt = \left[F(t) \right]_{t_A}^{t_B}$$
$$= F(t_B) - F(t_A) \tag{2.12}$$

となる．

［方法2］　積分の定義式（以下の (2.13)）を用いて示そう．(2.11) の左辺は，図2.5左の斜線部分の面積である．この部分の面積を求めるために，t_A と t_B の間を n 等分し，$\Delta t = (t_B - t_A)/n$ としよう．i 番目の区切りの時刻は，$t_i = t_A + i\Delta t$ と書ける．ここで $t_0 = t_A$, $t_n = t_B$ である．この面積は，短冊の面積 $f(t_{i-1})\Delta t$ を足し合わせて，

$$\int_{t_A}^{t_B} f(t)\,dt = \lim_{n \to \infty} \sum_{i=1}^{n} f(t_{i-1})\,\Delta t \tag{2.13}$$

と書ける．ここでは，$n \to \infty$ は $\Delta t \to 0$ と同じことを意味し，$f(t) = dF(t)/dt$ の定義式から，

$$f(t_{i-1}) = \lim_{\Delta t \to 0} \frac{F(t_{i-1} + \Delta t) - F(t_{i-1})}{\Delta t} \tag{2.14}$$

と書ける．この式の両辺に Δt を乗じたものを，(2.13) の右辺に代入すると，

$$\int_{t_A}^{t_B} f(t)\,dt = \lim_{n \to \infty} \sum_{i=1}^{n} \{ F(t_i) - F(t_{i-1}) \}$$
$$= \lim_{n \to \infty} [\{ F(t_1) - F(t_0) \} + \{ F(t_2) - F(t_1) \} + \cdots + \{ F(t_n) - F(t_{n-1}) \}]$$
$$= F(t_B) - F(t_A) \tag{2.15}$$

となって導けた．

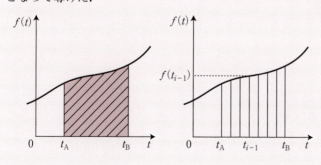

図2.5　斜線部の面積の求め方

・・・

例題2.3　x-t図，v-t図，a-t図

電車が時刻 $t = 0$ に A 駅を出発して，一定の加速度 a_0 で加速し，速さ v_0 に達したと

き，等速運転に移った．B駅の手前で一定の加速度 $-a_0$ で減速し，B駅に停止した．
このとき

（1）　a-t 図，v-t 図，x-t 図を描きなさい．

（2）　一定の速さ v_0 での運転時間が t_0 のとき，AB間の距離を求めなさい．

[解]（1）図 2.6 の通り．等速運転が，時刻 t_1 から t_2 の間で行われたとしよう．特に x-t 図では，時刻 t_1 と t_2 との間で，傾き（速さ）が等しい（v_0 である）ことに注意しよう．また，A駅，B駅では傾きはゼロ，すなわち，速さがゼロである．

（2）v_0 に達した時刻を t_1 とすると $v_0 = a_0 t_1$ であり，$t_1 = v_0/a_0$ の間に走った距離は，v-t 図の斜線部分の面積に等しく，$(1/2)a_0 t_1^2 = v_0^2/2a_0$ となる．減速時にも同じ距離を走る．これに等速運転の距離 $v_0 t_0$ を足して，AB間の距離は $v_0 t_0 + v_0^2/a_0$ である．

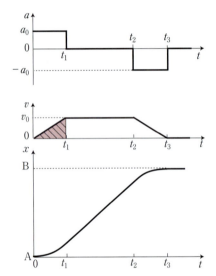

図 2.6　a-t 図，v-t 図，x-t 図

問題 2.2　速度，加速度の計算

$x(t)$ が，次のように t の関数として与えられるとき，$v(t)$，$a(t)$ を求めなさい．ただし，x と t 以外の文字は定数である．

（1）　$x(t) = At^2 + Bt + C$　　（2）　$x(t) = A \cos(\omega t + \phi_0)$

（3）　$x(t) = B e^{-t/T}$

問題 2.3　x-t 図，v-t 図，a-t 図

次の運動を，x-t 図，v-t 図，a-t 図に描きなさい．

（1）　$x(t) = x_0$　　（2）　$v(t) = 0, x(0) = x_0$　　（3）　$v(t) = v_0, x(0) = x_0$

（4）　$v(t) = -v_0, x(0) = x_0$　　（5）　$a(t) = 0, v(0) = v_0, x(0) = x_0$

（6）　$a(t) = a_0, v(0) = v_0, x(0) = x_0$　　（7）　$a(t) = -a_0, v(0) = v_0, x(0) = x_0$

ただし，$x_0 > 0, v_0 > 0, a_0 > 0$ で，それぞれ一定値とする．

●**数学的事項：テイラー展開と近似**

　物理学では近似が重要である．すなわち，およその値や振舞をつかむことが大事である．そういう場合に活躍するのが，**テイラー展開**（Taylor expansion）である．

　微分可能[*4]な関数 $f(x)$ に対して，

$$f(x + \Delta x) = f(x) + \frac{df(x)}{dx} \Delta x + \frac{f''(x)}{2!} (\Delta x)^2 + \cdots + \frac{f^{(n)}(x)}{n!} (\Delta x)^n + \cdots$$

$$\equiv \sum_{n=0}^{\infty} \frac{f^{(n)}(x)}{n!} (\Delta x)^n \tag{2.16}$$

と書ける．これをテイラー展開という（裏見返しの表8参照）．特に $x = 0$ の場合をマクローリン（MacLaurin）展開という．

　近似式を求めるには，テイラー展開をして，ゼロでない最低次の項まで書き下せばよい．例として，$(1 + x)^{\alpha}$ $(x \ll 1)$ の，x の1次までの近似式を求めてみよう．

　$f(x) = (1 + x)^{\alpha}$ とおいてマクローリン展開をし，x の1次の項まで書き下せば，$f'(x) = \alpha(1 + x)^{\alpha - 1}$ であるから，

$$f(x) \simeq f(0) + f'(0) x = 1 + \alpha x \tag{2.17}$$

が得られる．

問題 2.4　　**近似式**

　次の関数について，$x \ll 1$ のとき，x の2次までの近似式を求めなさい．

（1）　$\cos x$　　（2）　$\sin x$　　（3）　$\tan x$　　（4）　$\exp(-x)$　　（5）　$\ln(1 + x)$

2.5　2次元，3次元での位置，速度，加速度

　これまで1次元の世界での位置，速度，加速度を定義してきた．しかしながら，私たちは3次元の世界に住んでいる．物体の運動も，3次元の世界で記述しなければならない．これまでの議論を，どのように拡張すればよいのだろうか．それは驚くほど簡単である．

　まず，これまでの議論を2次元に拡張することを考えよう．2次元の世界とは，一般に曲面を意味するが，簡単のために平面を考えよう．平面上の1点を指定するには，どうしたらよいであろうか．例えば，京都や奈良の都の，東西南北に走る碁盤の目のような道路を思い起こそう．その任意の交差点を指定するには，御所を基点として，例えば東に○番目，北に△番目の通りの交点といえばよい．これと全く同様に，平面上の位置を指定するには，まず**原点**（origin）を決め，次に，原点を通り互いに直交する座標軸（x 軸，y 軸）を定める．

---

*4　微分の定義式（2.3）で極限の値がユニークな値に収束し，その値が1つだけ存在するとき，この関数はその点で1回微分可能であるという．変数が，定義された領域の任意の点で，何度でも微分できる関数を，微分可能な関数という．連続な関数であっても，ある点で傾きが不連続に変わるような場合は，その点では微分可能ではない．

平面上の任意の点Pの位置は，$+x$ 方向への距離 x_P，$+y$ 方向への距離 y_P の2つを指定すると決めることができる．ここで，点Pを $(x_\mathrm{P}, y_\mathrm{P})$ と表すことにする．

全く同様に，3次元での物体の位置を指定するためには，3次元の**座標系**（coordinate system）を導入する．最も一般的に用いられる座標系として，空間に固定した**直交直線座標系（デカルト**[*5]**座標系）**（Cartesian coordinate）がある．以下では，直交直線座標系を考えよう．座標系を定めるには，まず原点Oを定める．空間は3次元であるので，x 軸，y 軸，z 軸の3つの軸を，原点で互いに直交するように，しかも**右手系**（right‐handed system）[*6]を成すように決める．原点の位置や x 軸，y 軸，z 軸の3つの向きは，問題に応じて便利なように選べばよい．1次元の問題には x 軸だけでよいし，2次元平面の問題には x 軸と y 軸を決めればよい．

●2.5.1● 位置ベクトル

3次元空間内の任意の点Pを表すのに，原点OからPへ引いた矢印を用いる（図2.7）．これを点Pの**位置ベクトル**（position vector）といい，$\overrightarrow{\mathrm{OP}}$，または $\boldsymbol{r}_\mathrm{P}$（あるいは $\vec{r}_\mathrm{P}$）で表す．本書では，ベクトルには，$\boldsymbol{r}_\mathrm{P}$ のように太字を用いる．デカルト座標系では $\boldsymbol{r}_\mathrm{P} = (x_\mathrm{P}, y_\mathrm{P}, z_\mathrm{P})$ と書ける．

以後，物体の位置を表すときには，添え字Pを省いて単に $\boldsymbol{r}$ と表すことにする．直交直線座標系を用いると，位置ベクトル $\boldsymbol{r}$ は次のように書ける．

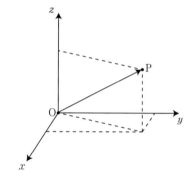

図2.7　位置ベクトル $\overrightarrow{\mathrm{OP}}$

$$\boldsymbol{r} = (x, y, z)\,[\mathrm{m}] \qquad (2.18)$$

x, y, z を $\boldsymbol{r}$ の成分とよぶ．原点OとPとの距離は，**ピタゴラス**（ピュタゴラス）[*7]の定理により，$\overline{\mathrm{OP}} = \sqrt{x^2 + y^2 + z^2}$ と求まる．したがって，

$$r = |\boldsymbol{r}| = \overline{\mathrm{OP}} = \sqrt{x^2 + y^2 + z^2}\,[\mathrm{m}] \qquad (2.19)$$

となる．r はベクトル $\boldsymbol{r}$ の大きさで，**スカラー量**（大きさのみをもつ量）（scalar quantity）である．

●2.5.2● 平均速度と瞬間速度

物体の運動を考えよう．物体の位置は時間とともに移動していく．このとき，物体の位置ベクトル $\boldsymbol{r} = (x, y, z)$ は，時間 t の関数であると考える．すなわち，

---

　*5　Descartes, Rene（フランス，1596‐1650）:「我思う，故に我あり」の言葉で有名な哲学者であるが，慣性の法則，運動量保存則などを提唱し，「自然法則」の概念を確立した人でもある．ある日，格子天井に止まったハエを見て，直交直線座標系を思い付いたという．

　*6　x 軸から y 軸の向きへ回転させるとき，右ねじの進む向きが z 軸となるような座標系．

　*7　Pythagoras（古代ギリシャ，BC582‐BC496）:ピタゴラス学派，または教団の祖．「直角三角形のピタゴラスの定理」も彼自身の発見ではなく，その集団の発見といわれる．

$$\boxed{\boldsymbol{r}(t) = (x(t),\ y(t),\ z(t))\ [\mathrm{m}]} \tag{2.20}$$

と書ける．

いま，点 P（座標 (x, y, z)）にあった物体が，時間 Δt の間に点 P′（座標 $(x + \Delta x,$ $y + \Delta y,\ z + \Delta z)$）に移動したとしよう．$\boldsymbol{r} = (x, y, z)$ から $\Delta \boldsymbol{r} = (\Delta x, \Delta y, \Delta z)$ だけ移動したので，$\boldsymbol{r}' = (x + \Delta x,\ y + \Delta y,\ z + \Delta z) = \boldsymbol{r} + \Delta \boldsymbol{r}$ と書ける．$\Delta \boldsymbol{r}$ を**変位ベクトル**という．

$\boldsymbol{r}$ や $\boldsymbol{r}'$ は原点 O から引かれた**束縛ベクトル**（constrained vector）である（ベクトルが座標系に依存している）が，$\Delta \boldsymbol{r}$ は，向きと大きさだけに意味がある．したがって，変位ベクトル $\Delta \boldsymbol{r}$ は**自由ベクトル**（free vector）である（ベクトルが座標系に依存しない）．スカラー量である変位は，変位ベクトルの絶対値として求まる．

$$\Delta r = |\Delta \boldsymbol{r}| = \sqrt{(\Delta x)^2 + (\Delta y)^2 + (\Delta z)^2}\ [\mathrm{m}] \tag{2.21}$$

3次元の平均速度 $\bar{\boldsymbol{v}}$ は次のように定義される．

$$\bar{\boldsymbol{v}} \equiv \frac{\text{変位ベクトル（位置ベクトルの変化分）}}{\text{かかった時間}} = \frac{\Delta \boldsymbol{r}}{\Delta t} = \left(\frac{\Delta x}{\Delta t},\ \frac{\Delta y}{\Delta t},\ \frac{\Delta z}{\Delta t}\right)\ [\mathrm{m/s}] \tag{2.22}$$

また，1次元のときと同様に，ある時刻 t の瞬間速度（あるいは，単に速度）ベクトルは

$$\boxed{\begin{aligned} \boldsymbol{v}(t) &= (v_x(t),\ v_y(t),\ v_z(t)) = \lim_{\Delta t \to 0} \frac{\boldsymbol{r}(t + \Delta t) - \boldsymbol{r}(t)}{\Delta t} = \frac{d\boldsymbol{r}(t)}{dt} \\ &= \dot{\boldsymbol{r}}(t) = (\dot{x}(t),\ \dot{y}(t),\ \dot{z}(t))\ [\mathrm{m/s}] \quad \text{（3次元の速度の定義式）} \end{aligned}} \tag{2.23}$$

である[8]．このように，速度ベクトルは位置ベクトルの1階微分であり，向きと大きさをもつベクトル量である．また，速度ベクトルの各成分は，位置ベクトルの各成分の時間微分で与えられる．一方，速さ $v(t)$ は，大きさのみをもつ量で，速度ベクトル $\boldsymbol{v}(t)$ の絶対値であり，値が正か 0 のスカラー量である．すなわち，

$$v(t) = |\boldsymbol{v}(t)| = \sqrt{v_x{}^2(t) + v_y{}^2(t) + v_z{}^2(t)}\ [\mathrm{m/s}] \tag{2.24}$$

である．速度ベクトルは，自由ベクトルである変位ベクトルの微分なので，自由ベクトルである．

●2.5.3● 加 速 度

同様に加速度ベクトルを定義する．時刻 t の速度ベクトル $\boldsymbol{v} = (v_x, v_y, v_z)$ が，Δt 後，$\boldsymbol{v}' = (v_x + \Delta v_x,\ v_y + \Delta v_y,\ v_z + \Delta v_z)$ に変化したとき，変化量は $\Delta \boldsymbol{v} = (\Delta v_x, \Delta v_y, \Delta v_z)$ であるから，平均加速度ベクトルは

$$\bar{\boldsymbol{a}} = \frac{\text{速度ベクトルの変化分}}{\text{かかった時間}} = \frac{\Delta \boldsymbol{v}}{\Delta t} = \left(\frac{\Delta v_x}{\Delta t},\ \frac{\Delta v_y}{\Delta t},\ \frac{\Delta v_z}{\Delta t}\right)\ [\mathrm{m/s^2}] \tag{2.25}$$

となる．また，ある時刻 t での瞬間加速度（あるいは，単に加速度）ベクトルは，

---

[8]　このように，ベクトルの微分が各成分の微分で表せることがデカルト座標系（直交直線座標系）の特徴であり，これを使う最大のメリットである．

$$
\boxed{
\begin{aligned}
\boldsymbol{a}(t) &= (a_x(t),\, a_y(t),\, a_z(t)) = \lim_{\Delta t \to 0} \frac{\boldsymbol{v}(t + \Delta t) - \boldsymbol{v}(t)}{\Delta t} \\
&= \frac{d\boldsymbol{v}(t)}{dt} = \left(\frac{dv_x}{dt},\, \frac{dv_y}{dt},\, \frac{dv_z}{dt} \right) = \dot{\boldsymbol{v}}(t) = (\dot{v}_x(t),\, \dot{v}_y(t),\, \dot{v}_z(t)) = \frac{d^2\boldsymbol{r}(t)}{dt^2} \\
&= \ddot{\boldsymbol{r}}(t) = (\ddot{x}(t),\, \ddot{y}(t),\, \ddot{z}(t))\,[\mathrm{m/s^2}] \quad (\text{3 次元の加速度の定義式})
\end{aligned}
}
$$

$$(2.26)$$

となる．このように，**加速度ベクトルは，位置ベクトルの時間に関する 2 階微分であり，ベクトル量で，向きと大きさをもつ**[*9]．

問題 2.5　等速円運動

位置ベクトル $\boldsymbol{r}(t)$ が，$\boldsymbol{r}(t) = (r_0 \cos(\omega t + \varphi_0),\, r_0 \sin(\omega t + \varphi_0),\, 0)$ と表せるとき，速度ベクトル $\boldsymbol{v}(t)$，加速度ベクトル $\boldsymbol{a}(t)$ を求めなさい．また，そのスカラー量 $r(t)$，$v(t)$，$a(t)$ を求めなさい．ただし，$r_0,\, \omega,\, \varphi_0$ は定数とする．

問題 2.6　円周上の運動の速度など

半径 r_0 [m] の円周上を原点 O から $t = 0$ に出発して，一定の速さで時間 t_0 [s] かかって一周するとき，次の量を求めなさい．ただし，図 2.8 のように座標軸をとる．

（1）平均の速さを求めなさい．

（2）半周したときの変位を求めなさい．

（3）（2）のときの 3 次元での平均速度を求めなさい．

（4）（2）のときの速度ベクトルを求めなさい．

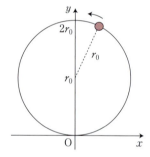

図 2.8　円周を一定の速さで動く物体の運動

---

*9　速さと速度との区別はするが，加速度のスカラー量とベクトル量を直接区別する言葉はない．スカラー量の意味での加速度を表現したいときは，「加速度の大きさ」といえばよい．また，ベクトルを意味するときは，加速度ベクトルといえば正確である．

第3章

力学の基本法則

学習目標

- 物体にはたらく力と運動は，運動の3法則によって記述される．3法則の意味するところを大づかみにつかむ．
- 力の例，および運動の第3法則の例として，万有引力を理解する．
- 運動方程式から導かれる，運動量と力積との関係を学ぶ．

キーワード

運動の第1法則（慣性の法則），第2法則（運動方程式：$ma = m\ddot{r} = F$ [N]），第3法則（作用・反作用の法則），万有引力，重力定数（G [N·m²/kg²]），質点，運動量（$p = m\dot{r}$ [kg·m/s]），力積

コマの不思議な運動も，ロケットの運動や人工衛星の運行も，同一の自然法則，すなわち，ニュートンの力学法則によって説明し，計算することができる．この法則は，光学顕微鏡でやっと観察できるほどの小さなものの運動から，恒星や銀河などの巨大なものの運動まで，万物を支配している法則である．これらの法則を概観しよう．次に，力の代表例である万有引力について学ぼう．最後に，運動量を定義し，運動方程式を積分して，力の時間積分である力積と運動量変化との関係を理解しよう．

3.1 運動の第1法則

　物体の運動には，無限にたくさんの種類がある．そのうちで，最も単純な運動である**等速直線運動**（equi - speed linear motion）は，**等速度運動**（equi - velocity motion）ともよばれ，一直線上を一定の速さで進む運動である．**静止状態**（stationary state）は，等速度運動の特別な場合で，速度がゼロの状態である．

> **運動の第1法則**
>
> 　物体が周囲から何の作用も受けていないとき，物体は静止し続けるか，または，一定の速度で運動し続ける（等速度運動）．

　物体の運動のこの性質を **慣性**（inertia）という[*1]．したがって，この法則を **慣性の法則**（law of inertia）ともいう．

　運動の第1法則が成り立つ理想的な空間を，**慣性系**（inertial system）という．等速度運動という概念は極めて単純に思えるが，現実の物体の運動を注意深く観察し，またよく考えて見ると，必ずしも自明ではない．すなわち，運動の第1法則は，見かけほど簡単な法則ではない．

　例えば，机の上に置いてある本を見続けてみよう．実際，本は何時間経っても動かずに静止し続けている（地震などが無ければ）．すなわち，机の上の本は運動の第1法則に従っているように見える．しかし，地球は自転運動や公転運動をしている．したがって，地球が運動する広い宇宙空間のなかで見ると，数時間も経過すれば，本は地球と共に複雑な曲線運動をしていて，等速度運動をしていない．つまり正確にいえば，机の上の本は，運動の第1法則に従ってはいないのである．

　一般に，物体がどのような運動をしていようと，その物体と同じように動いている観測者から見るとき，その物体は静止（つまり等速度運動）して見える．しかしこの場合，必ずしも，運動の第1法則が成り立っているとは限らない．その観測者が慣性系にいるとは限らないからである．

　宇宙空間のなかで，天体が十分遠くにあって，重力が無視できるような空間は，慣性系と見なしてよい．また，地球表面において，上の本の例のような場合でも，短時間で狭い空間領域での水平面内の運動を考える限り，近似的に慣性系と見なしてよい．

3.2　運動の第2法則

　物体が，周囲から何らかの作用を受けて，等速度運動でない運動をしているとき，物体が受けている作用を **力**（force）という．

　私たちは，ものを押したり引いたりするときの筋肉の感覚やものの重さ，すなわち重力によって，日常的に力の概念を経験している．物理学では，これらの感覚的な量を定量化して，力とよんでいる．また，感知できない程の弱い力から，日常経験する力をはるかに超える巨大な力まで，さまざまな力を扱う．

　物体の運動が等速度運動ではないとき，物体は加速度運動をしている，あるいは加速度をもつという．

　次に，質量という物理量の意味を理解しよう．自動車を同じ力で押すことを考えてみよう．このとき「軽い」自動車はすぐに動き出す，すなわち，速度の変化が大きい．これに対して，「重い」自動車は速度の変化が小さい．このように，同じ力を受けても，物体が異なると，一般に物体の加速度の大きさが異なる．

　[*1]「物体が周囲から何の作用も受けていないとき」とは，正確には，物体にはたらく正味の力（3.2 節で定義）がゼロのときのことである．

　このことは，それぞれの物体が固有にもっている属性が，その物体の運動に反映していることを意味している．その属性を**質量**（mass）（より正確には，**慣性質量**（inertial mass））という．

　物体にはたらく力と，その物体の質量および加速度との関係を発見したのは，**ニュートン**[*2] である．彼は天体や地表の物体の運動について深く考え，精密な計算に基いて，次の関係を見出した．

運動の第2法則

　物体の質量と加速度の積は，その物体にはたらく力に等しい．

　物体にはたらく力を記号 F，物体の質量を m，加速度を a で表そう．力も加速度と同じくベクトル量なので，太文字記号で F と書く．すると，運動の第2法則は次のように簡潔な関係式（**運動方程式**：equation of motion）で表せる．

$$ma = F \,[\mathrm{N}] \quad \text{（運動の第2法則：運動方程式）} \tag{3.1}$$

　加速度ベクトルは，位置ベクトルの2階微分である（(2.26) 参照）ので，運動方程式 (3.1) は (3.2) のように書ける．

$$m\frac{d^2 r}{dt^2} = F \,[\mathrm{N}] \quad \text{（位置の2階微分方程式としての運動方程式）} \tag{3.2}$$

　すなわち，**運動方程式は，位置ベクトル $r(t)$ の時間に関する2階の微分方程式である**．この式は，力学にとって核心的な役割を担い，今後頻繁に議論の出発点となる重要な式である．物体にはたらく力がわかれば，この運動方程式を解くことによって，$r(t)$ を求めることができる．つまり，任意の時刻での物体の位置や速度がわかってしまう．力学の目的の1つは，運動方程式を満たす関数 $r(t)$ を求めることにある．

　(3.2) は各成分で次のように書ける．

$$m\ddot{x} = F_x, \ m\ddot{y} = F_y, \ m\ddot{z} = F_z \,[\mathrm{N}] \quad \text{（各成分での運動方程式）} \tag{3.3}$$

　第2法則によると，同じ力がはたらいているとき，質量の小さい物体は加速されやすく，逆に質量の大きい物体は加速されにくい．また，加速度と力の間の比例係数が，物体の大きさ，形状，材質などによらず，質量のみで与えられることは驚くべきことであり，物理学の法則の簡潔さ，深遠さを象徴する式の1つといえよう．

時間反転不変性

　運動方程式 (3.2) で $t \to -t$ としてみよう．もし力が時間によらないか，または $F(-t) = F(t)$ のとき，運動方程式は変わらない．すなわち，**時間反転不変性**（time reversal in-

---

　[*2]　Newton, Isaac（イギリス，1643 - 1727）：万有引力の発見，力学の確立，微積分法の発明などで有名だが，反射望遠鏡を発明するなど光学でも貢献．しかし，微積分法の発明についてのライプニッツとの先取権の争いなど，同時代の人との争いも多い．

variance）を満たしている．これは，運動方程式が時間に関する 2 階（偶数階）の微分のみ
を含むことによる．古典力学の範囲では，時間を反転しても自然は変わらない．すなわち，
時間を逆回しにした運動も自然界では全く同等に起こりうる[*3]．

3.3 運動の第 3 法則

　自然界の物体は，さまざまな形態で互いに力を及ぼし合う．例えば 2 つの物体が接触して
いるときや，ばねやロープで接続したとき，あるいは地球と太陽の間に重力（万有引力）が
作用し合う場合などである．運動の第 3 法則は次のように表される．

運動の第 3 法則

　力は必ず対ではたらく．2 つの物体があるとき，一方が他方に及ぼす力は，互いに大
きさは等しく向きは逆である．

　いま，2 つの物体 A，B が，互いに力を及ぼし合っているとしよう．A が B に及ぼす力を
記号 $F_{B \leftarrow A}$ で，B が A に及ぼす力を記号 $F_{A \leftarrow B}$ で表すと，$F_{B \leftarrow A}$ と $F_{A \leftarrow B}$ とは，大きさは等し
く，向きは正反対である（図 3.1）．

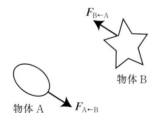

図 3.1 作用・反作用の法則

　この法則は次の関係式で表される．

$$F_{B \leftarrow A} = -F_{A \leftarrow B} \, [\mathrm{N}] \quad \text{すなわち，}$$
$$F_{B \leftarrow A} + F_{A \leftarrow B} = 0\,\mathrm{N} \quad \text{（作用・反作用の法則）}$$

(3.4)

$F_{B \leftarrow A}$ と $F_{A \leftarrow B}$ の一方を作用とよぶとき，他方を反作用とよぶ．そこで，この法則を**作用・
反作用の法則**（law of action and reaction）ともいう．お互いの力の方向は，2 つの物体を結
ぶ直線上とは限らない[*4]．

　ニュートン力学は，これらの 3 つの運動の法則を基礎にして組み立てられている理論体系

　[*3]　第 11 章で熱力学第 2 法則，すなわち，不可逆現象の存在を学ぶ．不可逆現象では，その事象の時間
を反転した現象は起こらない．時間反転不変性と矛盾しているように見える．これは，膨大な数の分子の集
団としての運動の結果であって，個々の分子の運動は可逆である．しかしながら，さらにミクロの世界で
は，時間反転不変性はわずかに破れていることが 1964 年に発見された．それを見事に説明する理論をつく
ったことで，小林 誠，益川敏英 両博士は 2008 年のノーベル物理学賞に輝いた．
　[*4]　例えば，直線電流と磁極との間にはたらく力は，それらを結ぶ線と垂直方向である（本書では扱わな
い）．

である．また機械類，建造物，飛行機，船など，すべてのものについての力のつり合いや，運動を理解，解析するときの基本法則である．

しかし，実際の自然現象には多くの要素が絡み合っていて，非常に複雑なものがほとんどである．本書で学ぶことは，たくさんの個別の現象や多方面に亘る応用例ではなく，それらを理解する上で本質的な概念や論理である．すなわち，ニュートン力学とよばれている「**自然観の根幹部分にあたるもの**」である．

3.4 万有引力

運動の第2，第3法則でいう力の例として，ニュートンが発見した万有引力について述べよう．2つの物体 A，B があると，その間には**万有引力**（gravitational force）が作用する．引力なので，力の向きは A，B を結ぶ直線上，互いに引き合う向きである（図3.2）．また，その引力の大きさは互いに等しい．すなわち，作用・反作用の法則に従っている．

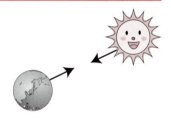

図3.2　万有引力

引力の大きさ F は，2つの物体の質量 m_A，m_B の積に比例し，物体 A，B それぞれの重心間の距離 r の2乗に反比例する．すなわち，以下のように書ける．

$$F = G\frac{m_A m_B}{r^2}\ [\text{N}] \quad (\text{万有引力})$$

(3.5)

ここで比例定数 G は**重力定数**（gravitational constant：または，**万有引力定数**）とよばれ，実測によると次の値をもつ．

$$G \simeq 6.6743 \times 10^{-11}\ [\text{N·m}^2/\text{kg}^2] \quad (\text{重力定数の値})$$

(3.6)

私たちが，日常絶えず経験している重力は，地球と地表面近くにある物体との間に作用しているものである．地上の2つの物体の間にも万有引力が作用し合っているが，その万有引力の大きさはあまりにも弱いので，日常的には感知できない．

●**発展的事項：万有引力の不思議**

万有引力について初めて習ったとき，いくつかの疑問をもったことだろう．一番大きな疑問（気持ち悪さ）は，「地球と太陽は 1.5×10^8 km も離れているのに，どうやって力がはたらくのだろう」というものである．万有引力を定式化したニュートンも悩んだらしい．現代では，次のように理解されている（**一般相対性理論**）．

平らなゴム膜におもりを乗せると，ゴム膜は下にたわむ（図3.3）．そこに別の小さなおもりを乗せると，このたわみのために，重いおもりの方に引き寄せられる．このように，大きい質量をもつ太陽は，周りの空間をゆがめ，周りの惑星に力を及ぼすと考える．

惑星は太陽の周りを公転し，遠心力（5.3節）と万有引力とのつり合いによって，太陽に落ち込んでしまわないようにしている．

　もう1つの疑問は，r^{-2} 則である．べきは整数の2なのだろうか．また，どうして2なのだろうか．これに関しては，電磁気学も r^{-2} 則に従うので，12.2節で考察する．

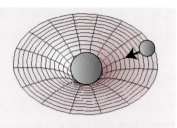

図3.3 万有引力の直観的理解（ゴム膜とおもり）

3.5　運動量と力積

　運動量という新しい物理量を導入して，運動方程式（3.2）を書き直し，それを積分して，運動量変化と力積の関係を導こう．

●3.5.1●　運動量と運動量保存則

　物体の運動の勢いを表す量，**運動量**（momentum）ベクトル $\boldsymbol{p}$ を次のように定義しよう[*5]．

$$\boldsymbol{p} \equiv m\boldsymbol{v} \; [\mathrm{kg \cdot m/s}] \tag{3.7}$$

すると質量一定なので，運動方程式は，

$$\frac{d\boldsymbol{p}}{dt} = \boldsymbol{F} \; [\mathrm{N}] \quad （運動量で表した運動方程式） \tag{3.8}$$

と書ける．すなわち，**物体にゼロでない正味の力がはたらくと，物体の運動量が変化する**．いいかえると，合力がゼロのときは，物体の運動量は一定である（**運動量保存則**（law of momentum conservation））．

●3.5.2●　力　積

　衝突のときのように，短い時間 Δt だけにはたらく力を**撃力**（impulsive force）という．また，力を時間で積分したものを**力積**（impulse）という．（3.8）を積分すると，

$$\Delta\boldsymbol{p} = \int_{\Delta t} \boldsymbol{F}\,dt \; [\mathrm{N \cdot s}] \quad （運動量変化と力積） \tag{3.9}$$

すなわち，運動量の増分 $\Delta\boldsymbol{p}$ は力積に等しい．

問題3.1　**運動量変化と力積**

時速72 km で走っていた質量1 t の自動車が，壁に激突して停止した．次の問いに答えなさい．

（1）　自動車が壁に与えた力積を求めなさい．

　[*5]　すなわち，質量が同じなら速いほど，速度が同じなら質量が大きいほど，「運動の勢い」がある．

（2）　激突して，停止するまでの時間を 10 ms とするとき，自動車にはたらいた平均の力を求めなさい．

（3）　（2）のとき，乗員が感じる平均加速度は g の何倍か．ただし，$g \simeq 9.8\,\mathrm{m/s^2}$ は重力加速度の大きさである．

（4）　もし，自動車が同じ速さで跳ね返ったときには，力積は（1）の何倍になるか．

第❹章

質点の静力学

（学習目標）
- いろいろな力についての理解を深める.
- 質点にはたらく力のつり合いの問題が解けるようになる.

（キーワード）

重力，張力，押す力，抗力，垂直抗力，摩擦力，静止摩擦係数（μ），動摩擦係数（μ'），弾性力，合力，分力

　この章では，「力」についての理解を深めるために，静力学を考えよう.「静」とは，物体が（観測者に対して）静止している状態である. 物体は静止していても，重力をはじめ，種々の力がはたらいている. 物体の大きさの効果については，第7章で考えることにして，それまでは物体を点（質点）として扱うことにする. 物体が静止しているということは，それらの力がつり合っているということであり，物体にはたらく力の和（合力という）がゼロということを意味する.

　力は大きさと向きをもち，ベクトルである. 力はベクトル的に足し合わせたり（**合力**（resultant force）），2つ以上の方向に分けて（**分力**＝力の成分（component of force））考えることができる. すなわち，ベクトルの**合成**（composition）や**分解**（decomposition）についても学習する.

　まず，物体にはたらく力として，代表的な力を挙げよう. その上で，物体の力のつり合いについて考えよう.

4.1 物体にはたらく力

　物体にはたらく力には具体的にどんなものがあるかを，まず考えよう.

● 4.1.1 ● 重 力

　地表の質量 m の物体には，地球と物体との万有引力により，大きさ mg の**重力**が鉛直下方にはたらいている[*1]. これを，物体の**重さ**（weight）として感じる[*2]. すなわち，重さ

[*1] 地球の自転などの影響により，厳密には地球の中心方向からずれる.

[*2] 重さは重量ともよばれ，力の一種である. 重さ◯kgという表現は，質量に地球の重力加速度を乗じたkg重，またはkgfという力の単位を意味する. 重さは，質量にその場所での重力加速度の大きさを乗じた値であることに，注意しよう.

は無重力状態ではゼロであるが，質量は物体固有の量で変わらない．g は**重力加速度**の大きさとよばれ，地上では $g \simeq 9.8\,\mathrm{m/s^2}$ の値をもつ．このときの質量を**重力質量**（gravity mass）とよび，慣性質量と区別するが，その間の違いは見付かっていない（**等価原理**[*3]）．

問題 4.1　**地球の質量**

地表の，質量 m の物体にはたらく大きさ mg の重力は，地球（半径 R_E，質量 M_E）と物体との間の万有引力に他ならない．このことから次式を導きなさい．

$$g = \frac{GM_\mathrm{E}}{R_\mathrm{E}^2}\,[\mathrm{m/s^2}] \tag{4.1}$$

また，この式から地球の質量 $M_\mathrm{E}\,[\mathrm{kg}]$ を求めなさい．ただし，万有引力の計算には，地球の質量が地球の中心に集まっているとして計算してよい．また，$R_\mathrm{E} = 4.0 \times 10^4/(2\pi)\,\mathrm{km}$，重力定数は $G = 6.67 \times 10^{-11}\,\mathrm{N \cdot m^2/kg^2}$，重力加速度の大きさは $g \simeq 9.8\,\mathrm{m/s^2}$ である．

●4.1.2● 張力，押す力

物体に，伸びない糸（ロープ，ワイヤーなどを含む）を付けて引張る場合，物体に**張力**（tension）がはたらく．張力は，糸が軽い（糸の質量が無視できる）場合，糸のどの位置でも同じであることに注意しよう．すなわち，糸のある点に注目すると，その点には，糸に沿って一方に引張る力と反対側に引張る力とがはたらき，その大きさは等しい．

押す力は，手や別の物体を介して直接物体にはたらく力である．また，張力は物体を引張る向きにはたらくが，押す力は物体を押す向きにはたらく．

●4.1.3● 抗　力

家の床や壁は，押したり引いたりしても動かない．動かないということは，押した（引いた）力と大きさが等しく，反対向きの力がはたらいていることになる．すなわち，運動の第3法則，作用・反作用の法則が成り立っている．物体が床や壁などの面に力を及ぼすとき，物体が面から受ける力を**抗力**（reaction）という．

水平な地面に置かれた物体を考えよう．物体には重力がはたらき，地面を押している．物体は静止しているのであるから，力はつり合っていて，地面から抗力を受けて押し返されている．これが水の上だったら，当然重い物体は沈んでしまう．なぜなら，水からは押し返す力，抗力がはたらかないからである．物体が面から垂直の向きに受ける力を，**垂直抗力**（normal force）という．**抗力**は，**垂直抗力と摩擦力（次項で解説）の合力**であると考えるとよい．

例題 4.1　**床の上の物体にはたらく力（1）**

水平な床に置かれた質量 m の物体にはたらく力を図示しなさい．ただし，重力加速

[*3]　一般相対性理論で，重力による運動は加速度運動と見なせるという原理．g も加速度であり，通常の加速度と区別できない．したがって，その比例係数である重力質量と，慣性質量とは区別できない．

度の大きさを g とする.

[**解**]　物体には，大きさ mg の重力が鉛直下方にはたらき[*4]，床からは，大きさ $N = mg$ の垂直抗力が鉛直上方に物体にはたらいている（図4.1）.

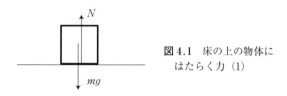

図 4.1　床の上の物体に
はたらく力（1）

• **4.1.4** •　**静止摩擦力**

　水平な床の上に置かれた物体に，水平な力を加えて動かそうとしても，重い物体はなかなか動かない．このとき物体には，作用・反作用の法則により，床から，逆向きで同じ大きさの**摩擦力**（friction force）がはたらいている．力を大きくしていくと，摩擦力も大きくなるが，ある限界を超えると，ついには物体は動き出す．その限界の摩擦力を，**最大静止摩擦力**（maximum force of static friction）という.

　この力の大きさを $F_{\max}$ と書くと，

$$F_{\max} = \mu N \,[\mathrm{N}] \quad （最大静止摩擦力） \tag{4.2}$$

が成り立つことが実験的にわかっている．N は垂直抗力の大きさで，μ は**静止摩擦係数**（coefficient of static friction）とよばれる．μ は，物体や床の面によって決まる定数であり，無次元の量である．最大静止摩擦力が物体の形などにはよらず，面からの垂直抗力のみによることは驚くべきことである．ここで，摩擦力がはたらかないときの面を**なめらかな面**（smooth surface）といい，面からは垂直抗力のみがはたらく[*5]．摩擦力がはたらくときの面を**粗い面**（rough surface）という．物体が静止しているとき，床面から受けている摩擦力の大きさ f は

$$0 \le f \le F_{\max} = \mu N \,[\mathrm{N}] \quad （最大静止摩擦力） \tag{4.3}$$

であり，物体にはたらく力の面に水平な成分とつり合っている.

例題 4.2　**床の上の物体にはたらく力（2）**

　水平な粗い床に置かれた質量 m の物体に糸を付けて，大きさ f の力で水平に引張ったが，物体は動かなかった．物体にはたらく力を図示しなさい．ただし，重力加速度の

　[*4]　物体を点（質点）として扱っているので，重力をどこに描くかは本来意味が無いのだが，図の上では物体を有限の大きさに描く．そのときは，重力は重心にはたらくとして描くとよい（図4.1参照）.

　[*5]　面がなめらかな（凹凸が小さい）ほど摩擦力は小さい．しかし，2つの面がなめらか過ぎると，「摩擦力」は急激に大きくなる．どういうことだろうか．面の凹凸が 10 nm（ナノメートル）程度以下になると，2つの面の分子同士が分子間力により引き合うためである．例えば，鉛同士を押し付けると，鉛は柔らかいので，容易にその条件を満たすことができる．別の例としては，厚さの標準として用いられるゲージブロック（ファインセラミックス製）がある．基準となる面は 10 nm 程度の仕上げになっていて，2つのブロックを押し付けると，くっついて離れない.

大きさを g とする.

[解]　例題 4.1 の力に加えて，物体には大きさ f の糸の張力，および，床からの同じ大きさ f の摩擦力が，水平に互いに逆向きにはたらいている（図 4.2）.

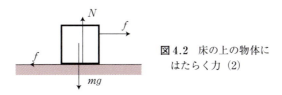

図 4.2　床の上の物体に
はたらく力（2）

(問題 4.2)　**床の上の物体にはたらく力（3）**

　水平な粗い床に置かれた質量 m の物体に糸を付けて，f の力で水平と角度 θ を成す斜め上方向に引張った. 動き出す直前の f の大きさを求めなさい. ただし，静止摩擦係数を μ とし，重力加速度の大きさを g とする.

● 4.1.5 ● 動摩擦力と抵抗力

　物体が動き出した後の摩擦力は，速度によらずほとんど一定の力となり，その大きさ F' は，

$$F' = \mu' N \,[\text{N}] \quad （\text{動摩擦力（dynamic friction）}） \tag{4.4}$$

という関係があることがわかっている. μ' を**動摩擦係数**（coefficient of dynamic friction）とよぶ. 一般に μ' の方が μ より小さい.

$$\mu > \mu' \tag{4.5}$$

　動く物体を止めようとする向きにはたらく力を，（広義の）抵抗力という. 摩擦力もその一種といえるが，摩擦力は固体同士の面を通じてはたらくのに対して，（狭義の）抵抗力は，流体に対して物体が動いているときにはたらく. 動摩擦力はほとんど速度によらないが，抵抗力は速度に依存する.

● 4.1.6 ● 弾　性　力

　一端が固定されたばねの他端に物体を付けて引張り，ばねが自然長から x だけ伸びたとしよう（$x < 0$ は縮んだことを意味する）. 物体にはたらく力 F は，大きさが x に比例し，その向きは x の符号と逆向きである. すなわち

$$F = -kx \,[\text{N}] \quad （\text{フックの法則}） \tag{4.6}$$

と書ける. これは**フック**[*6]**の法則**として知られる. 負符号は**復元力**（restoring force）を表す. すなわち，ばねを伸ばそうとすると，縮めようとする力がはたらき，その逆も成り立

　[*6]　Hooke, Robert（イギリス，1635 - 1702）：ボイル（R. Boyle）の弟子になり，気体のボイルの法則の発見に貢献した. 顕微鏡のなかの世界を紹介したことで有名. ニュートンの 9 歳上であるが，ニュートンの目の敵にされたらしい.

つ．$k\,[\mathrm{N/m}]$ は，**ばね定数**（spring constant）とよばれる．このように，ばねなどの弾性による力を**弾性力**（elastic force）という．

●4.1.7● その他の力

単語に「力」を付けて，○○力とよぶ言葉が多い．例えば，学力，語学力，労力，気力，努力など，たくさん挙げられる．しかし，本当に物理学での力を意味するものとしては，他に，電気力[*7]，磁気力（または，磁力），核力などが挙げられる．

真に基本的な力にはどのようなものがあり，どう区別されるのだろうか．例えば，電気力や磁気力は万有引力と異なり，引力と斥力の両方が存在する（12.2 節）．

●4.1.8● 力の単位について

力の大きさの単位を**ニュートン**（newton）とよび，記号 N で表す．逆にいえば，**単位がN で表される物理量はすべて力である**．1 N は質量 1 kg の物体の速さを，毎秒当り 1 m/s の割合で変化させる，すなわち 1 m/s^2 の加速度を与える力の大きさであり，

$$1\,\mathrm{N} = 1\,\mathrm{kg \cdot m/s^2} \tag{4.7}$$

という関係がある．地表近くにある質量 100 g の物体には，約 0.98 N の重力が作用しているので，1 N は質量 100 g の物体の重さにほぼ等しい．

工学では，ニュートンの代わりに，kgf（または kgW，kg 重）を用いることがある．$m\,[\mathrm{kgf}]$ とは，質量 $m\,[\mathrm{kg}]$ の物体にはたらく重力と同じ大きさの力という意味で，$mg\,[\mathrm{N}]$ に等しい．

4.2 力のつり合い

実際に物体（質点）の力のつり合いについて考えよう．**力のつり合いを考える場合は，注目する物体にはたらく力のみを考える**．また，力がつり合っているということは，物体にはたらく力の和（正味の力）がゼロということである．平面の場合は，x 方向，y 方向，それぞれの方向の力の和がゼロである．この場合，一方（例えば $+x$ 方向）の向きを正とし，向きが逆の力は負符号を付けて足さなければならない．

- -

例題 4.3   **なめらかな斜面の上の物体**

水平面と角度 θ を成す，なめらかな斜面がある．質量 m の物体を斜面に平行な糸でつるす（図 4.3）．糸の張力の大きさ f，および物体が斜面から受ける力の大きさ N を求めなさい．ただし，重力加速度の大きさを g とする．

[解] なめらかな斜面では，摩擦力ははたらかない．物体は重力（mg）により斜面を押しているので，斜面はその反作用として物体を押している．その力は垂直抗力，すなわち斜面に垂

---

*7 電力というと，エネルギーまたは仕事率を意味する言葉になるので，ここでは電気力を使う．

直である. 斜面に垂直上向きに y 軸, 斜面に沿って下向きに x 軸をとると, 物体にはたらく重力の x 方向, y 方向の分力はそれぞれ, $mg \sin \theta$, $-mg \cos \theta$ である. 斜面からの垂直抗力の大きさを N, 糸の張力の大きさを f とすると, x 方向の力のつり合いは $mg \sin \theta - f = 0$, y 方向は $N - mg \cos \theta = 0$ となる. したがって, 次のように求まる.

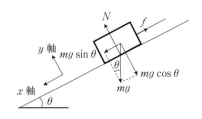

図 4.3 なめらかな斜面上の物体にはたらく力のつり合い

$$N = mg \cos \theta \, [\text{N}], \qquad f = mg \sin \theta \, [\text{N}] \tag{4.8}$$

問題 4.3 糸の張力のつり合い

図 4.4 に示すそれぞれの糸の張力の大きさ f_1, f_2 を求めなさい.

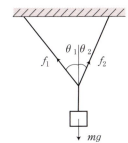

図 4.4 糸の張力のつり合い

例題 4.4 粗い斜面に置かれた物体

粗い斜面に置かれた物体がある (図 4.5). 斜面を急にしていくと, ついには物体はすべり出す. 斜面が水平面と成す角度を θ とすると, 物体がすべり出さない条件は

$$\mu \geq \tan \theta \tag{4.9}$$

で与えられることを示しなさい. ただし, μ は斜面と物体との間の静止摩擦係数である.

[解] 物体の質量を m とし, 重力加速度の大きさを g とする. すると垂直抗力の大きさ $N = mg \cos \theta$, 最大静止摩擦力の大きさ $\mu N = \mu mg \cos \theta$. これが, mg の斜面に平行な分力 $mg \sin \theta$ より大きいか, 等しければ静止している.

$$\mu mg \cos \theta \geq mg \sin \theta \, [\text{N}] \tag{4.10}$$

したがって, (4.9) を得る.

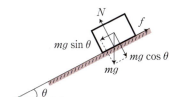

図 4.5 粗い斜面に置かれた物体

問題 4.4 **滑車を通して引かれている物体の静止条件**

粗い水平な台の上に質量 m_A の物体 A が置かれ，水平な糸が付けられている（台と物体 A との静止摩擦係数は μ である）．糸の他端にはなめらかな滑車を通して，m_B の物体がつるされている（図4.6）．A が静止しているための条件を求めなさい．

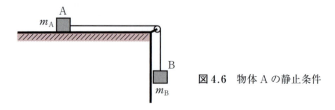

図 4.6　物体 A の静止条件

例題 4.5 **ばねにつるされたおもり**

ばね定数が k の軽いばねに，質量 m のおもりがつるされている．つり合いの位置から x だけおもりを下に引張るのに必要な力を求めなさい（図4.7）．ただし，重力加速度の大きさを g とする．

[解] つり合いの位置での，ばねの自然長からの伸びを x_0 とすると，$mg = kx_0$ である．ばねに下向きに f の力を加えて，ばねを x だけさらに伸ばしたとき，おもりには上向きに $k(x_0 + x)$，下向きに $f + mg$ の力がはたらいている．これらがつり合っているから次式が成り立つ．

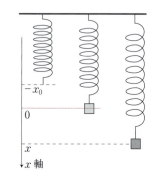

図 4.7　ばねにつるされたおもり

$$f = -mg + k(x_0 + x) = kx \ [\mathrm{N}] \qquad (4.11)$$

初めのばねの状態にかかわらず，さらに，ばねを x だけ伸ばすのに必要な力は kx であることがわかる．

問題 4.5 **2つのばね**

ばね定数が k_1 と k_2 の軽いばねが直列につながれている．2つのばねの自然長からの伸びの和が l であるとき，それぞれの伸びを求めなさい．

第5章

質点の運動

学習目標

• 質点にはたらく正味の力を明らかにし，運動方程式を立て，その解き方を身に付ける.

• 1次元問題で，しっかり運動方程式の意味と解法を身に付ける.

• 2つ以上の物体が関わる運動の解法を学ぶ.

• 平面運動の解法を身に付ける.

• 周期運動の基礎的事項について学ぶ.

キーワード

等速直線運動，自由落下運動，投げ上げ運動，放物線運動，ばねの運動，単振動，周期（T [s]），角速度（ω [rad/s]），等速円運動，向心加速度，向心力，遠心力，ケプラーの3法則

運動方程式を解くことによって，物体の運動，すなわち，任意の時刻における物体の位置を求めることができる．物体の位置の変化だけに注目するので，物体を質点として扱う．ここでは，比較的単純な力がはたらくときの運動について考えよう．物体の，時刻 t での位置を $r(t)$ とすると，質点の位置は，**運動方程式**（3.2）を解くことによって求めることができる．ここでは，物体にはたらく力の求め方，運動方程式の立て方，その解き方について学ぼう．

まずは，1次元の問題を解けるようにし，続いて，日ごろ，なじみ深い放物線運動や円運動などの平面運動についても理解を深めよう．座標系としては，1次元の運動には，その向きに沿って x 軸を定めるとよい．原点は，通常，運動の始め（$t=0$）の位置に選ぶ．平面運動では，運動の平面内に x 軸，y 軸を選ぶ．特に**鉛直面**[*1]内の運動の場合は，x 軸を水平方向に，y 軸を鉛直上向き（または下向き）に定め，3次元の運動の場合は，xy 平面に垂直に右手系を成すように z 軸を定めるとよい．

5.1　一定の力がはたらく場合の運動

まずは，質点に一定の力がはたらく場合について，質点の運動を考えよう．一定の力とは，大きさだけではなく向きも一定の力である．1次元運動の場合，運動方程式（3.2）によって加速度が一定となり，物体は**等加速度運動**（motion with a constant acceleration）を

---

*1　鉛直線とは，地上でおもり（昔は鉛を用いた）をつるしたときの線のこと．すなわち，地球中心に向かう線．鉛直面とは，その線を含む平面のこと．

する.

●5.1.1● 直線運動

まずは，直線運動について考えよう.

例題5.1 直線運動

なめらかで水平な床の上の物体（質量 m）に，水平方向に一定の力 F を加えている. このときの運動を解析しなさい.

[解] 鉛直方向の力，重力と垂直抗力はつり合っている. 力の向きに x 軸をとり，時刻 t での物体の位置を $x(t)$ とすると，運動方程式は

$$m\ddot{x} = F \ [\text{N}] \tag{5.1}$$

と書ける. F は一定だから，$\ddot{x}(t) = F/m \equiv a_0 =$ 一定となって，等加速度運動となる. 簡単に積分ができて

$$\left. \begin{array}{l} \dot{x}(t) = a_0 t + v_0 \ [\text{m/s}] \\[6pt] x(t) = \dfrac{1}{2}a_0 t^2 + v_0 t + x_0 \ [\text{m}] \end{array} \right\} \tag{5.2}$$

が得られる. すなわち，一定の加速度 $\ddot{x} = a_0 \equiv F/m$ の運動をし，任意の時刻 t での，物体の速度と位置は（5.2）で与えられる. ここで，$x_0 = x(0)$, $v_0 = \dot{x}(0)$ は，時刻 $t = 0$ での物体の位置と速度である. これらの値は，運動方程式だけでは決まらない**積分定数**（integration constant）であり，**初期条件**（initial condition）とよばれる. 運動方程式は 2 階の微分方程式なので，2 つの積分定数が必要である.

特に，$F = 0$ の場合は加速度がゼロとなり，等速直線運動（等速度運動）となる. もちろん，$v_0 = 0$ のときは，物体は静止し続ける.

問題5.1 急ブレーキをかけた自動車の運動

水平な直線道路を速度 v_0 で走っていた質量 m の自動車が，急ブレーキをかけた. 重力加速度の大きさを g，道路との動摩擦係数を μ' として，急ブレーキをかけてから自動車が止まるまでに走る距離を求めなさい.

一定の力がはたらき，かつ直線運動の身近な例として，重力のもとでの**自由落下運動**（motion of free fall）がある. すなわち，質量 m の物体には，鉛直下方に mg という一定の力がはたらく.

例題5.2 自由落下運動

床上 $h = 10\,\text{m}$ の高さから物体を静かに落とした. 床への到達時間と，そのときの速度を求めなさい. ただし，重力加速度の大きさを $g = 9.8\,\text{m/s}^2$ とし，空気の抵抗は無視する.

[解]　物体の始めの位置を原点とし，鉛直下方を正とする x 軸をとる．物体の質量を m とすると，物体にはたらく力は mg なので，運動方程式は

$$m\ddot{x} = mg\,[\mathrm{N}]\quad（自由落下の運動方程式）\tag{5.3}$$

と書ける．この運動は，(5.2) で $a_0 = g$ の場合であり，初速度 $v_0 = 0$，始めの位置 $x_0 = 0$ を考慮に入れて，

$$\dot{x}(t) = gt\,[\mathrm{m/s}]\quad（自由落下の速度と時間との関係）\tag{5.4}$$

$$x(t) = \frac{1}{2}gt^2\,[\mathrm{m}]\quad（自由落下の距離と時間との関係）\tag{5.5}$$

となる．当然のことながら，**落ちる速度や落ちた距離は，物体の質量によらない．すなわち，どんな物もすべて同時に落ちる（真空中）**．床への到達時間 t_1 は，(5.5) で $x(t_1) = h$ より，

$$t_1 = \sqrt{\frac{2h}{g}} = \sqrt{\frac{2 \times 10}{9.8}} = \frac{1}{0.7} \simeq 1.4\,[\mathrm{s}]\tag{5.6}$$

となり，そのときの速度 v_1 は，t_1 を (5.4) に代入して，次の値を得る．

$$v_1 = g\sqrt{\frac{2h}{g}} = \sqrt{2gh} = \sqrt{2 \times 10 \times 9.8} = 14\,[\mathrm{m/s}]\tag{5.7}$$

・・

・・

例題 5.3　鉛直投げ上げ運動

地表から時速 36 km で真上に投げ上げた物体の最大高さ，および滞空時間を求めなさい．ただし，重力加速度の大きさを 9.8 m/s^2 とし，空気の抵抗は無視する．

[解]　鉛直上方を y 軸の正方向とし，地表を原点（$y = 0$）としよう[*2]．物体の質量を m，重力加速度の大きさを g とすると，空中で物体にはたらく力は下向きに重力 mg なので，物体の運動方程式は

$$m\ddot{y} = -mg\,[\mathrm{N}]\tag{5.8}$$

すなわち，

$$\ddot{y} = -g\,[\mathrm{m/s}^2]\quad（等加速度運動）\tag{5.9}$$

である．時刻 $t = 0$ に原点 $y = 0$ から，初速度 $v_0 = 36\,\mathrm{km/h} = 10\,\mathrm{m/s}$（**必ず SI 単位に直すこと**）で投げ上げたから，(5.9) を積分して

$$\dot{y}(t) = v_0 - gt\,[\mathrm{m/s}]\tag{5.10}$$

を得る．

さらに積分して，$y(0) = 0$ だから

$$y(t) = v_0 t - \frac{1}{2}gt^2\,[\mathrm{m}]\tag{5.11}$$

と求まる．時刻 t_1 に最高点に達したとすると $\dot{y}(t_1) = 0$ だから，(5.10) より，$t_1 = v_0/g = 10/9.8 \simeq 1.0\,\mathrm{s}$，そのときの高さ h は，$t_1 = v_0/g$ を (5.11) に代入して，

$$h = \frac{v_0^2}{g} - \frac{1}{2}g\left(\frac{v_0}{g}\right)^2 = \frac{v_0^2}{2g} = \frac{10^2}{2 \times 9.8} \simeq 5.1\,[\mathrm{m}]\tag{5.12}$$

を得る．滞空時間 t_2 は，(5.11) で $y(t_2) = 0$ より $t_2 = 2v_0/g \simeq 2.0\,\mathrm{s}$ と求まる．当然，$t_2 = 2t_1$

[*2]　例題 5.6 の平面運動の座標軸と一致させるため y 軸とした．

となっている.

・・

問題5.2　例題5.3の x – t 図, v – t 図, a – t 図

例題5.3の場合の x – t 図, v – t 図, a – t 図を描きなさい.

・・

例題5.4　なめらかな斜面をすべる運動

水平面と角度 θ を成すなめらかな斜面がある. $t = 0$ に, 物体を静かに斜面に置いた (図5.1). 任意の時刻 t での物体の位置, 速度, 加速度を求めなさい. ただし, 重力加速度の大きさを g とする.

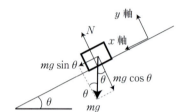

図5.1　なめらかな斜面をすべる運動

[解]　斜面に沿って下方に x 軸, 斜面に垂直上向きに y 軸をとり, $t = 0$ での位置を原点とする. 斜面から物体にはたらく垂直抗力は, $mg\cos\theta$ とつり合っている (y 方向の正味の力はゼロ). x 方向の運動方程式は, 質点に対して x 方向にはたらく力が $mg\sin\theta$ なので

$$m\ddot{x} = mg\sin\theta \; [\mathrm{N}] \tag{5.13}$$

と書ける. この式は (5.3) と比べて, g が $g\sin\theta$ になっただけである. したがって, (5.4), (5.5) と同様に次式を得る.

$$\left. \begin{array}{l} \dot{x}(t) = (g\sin\theta)t \; [\mathrm{m/s}] \\[4pt] x(t) = \dfrac{1}{2}\,(g\sin\theta)t^2 \; [\mathrm{m}] \end{array} \right\} \tag{5.14}$$

・・

この運動は, 鉛直線上の運動に比べて, 重力加速度が $\sin\theta$ 倍だけ小さくなった等加速度運動である. **ガリレイ**[*3] は斜面を使って, 物体が重力下で加速度運動をすること, 加速度が物体の質量によらないことを確かめた. こうして実験をして検証することによって, これまでの迷信を打ち破った. それまではアリストテレス以来, 重いものほど速く落ちると思われていた. ガリレイが, 実験科学の祖であるといわれるゆえんである.

問題5.3　粗い斜面をすべる運動

例題5.4で斜面が粗いときの運動はどうか. 動摩擦係数を μ' として, 比べなさい.

2つ以上の物体の運動

2つ以上の物体の運動を扱う際には，個々の物体の運動方程式を立てるとよい．その際，個々の物体に注目して，それぞれの物体にはたらく力の合力を求め，その合力が質量と加速度の積に等しいとおけばよい．1次元の運動では，それぞれの物体の運動の向きにx軸をとればよい．まずは，軽くて伸びない[*4] ロープでつり下げられた，2つの物体の運動（アトウッドの器械（Atwood's machine））について考えよう．

例題5.5 **アトウッドの器械**

なめらかな滑車に，軽くて伸びないロープでつり下げられた物体A（質量 m_A）と，物体B（質量 m_B, $m_B > m_A$）がある．時刻 $t = 0$ に，AとBを同じ高さにし，静かに手を放した．物体A，Bの加速度，および高さの差が $2h$ になったときの速度を求めなさい（図5.2）．ただし，空気の抵抗は無視する．

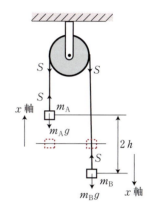

図5.2 アトウッドの器械での2つの物体の運動

[解] 物体Bは鉛直下方に運動するので，x軸をその向きにとる．物体Aについてはロープに沿って上向きにx軸をとる．物体Bにかかる力は下向きに $m_B g$，上向きに張力 S である．時刻 t での物体A, Bの位置を x_A, x_B とすると，物体Bについての運動方程式は

$$m_B \ddot{x}_B = m_B g - S \ [\mathrm{N}] \tag{5.15}$$

と書ける．Aについては，下向きに $m_A g$，上向きに張力 S がかかっている（なめらかな滑車なので，同じ張力がはたらく）．Aの運動方程式は

$$m_A \ddot{x}_A = S - m_A g \ [\mathrm{N}] \tag{5.16}$$

ロープは伸びないとしているので，$x_B - x_A = $ 一定である．したがって，$\ddot{x}_A = \ddot{x}_B = \ddot{x}$ とおける．

S を消去すると（(5.15) と (5.16) を辺々加えると），

$$(m_B + m_A)\ddot{x} = (m_B - m_A)g \ [\mathrm{N}] \tag{5.17}$$

を得る．したがって

$$\ddot{x} = \frac{m_B - m_A}{m_B + m_A}\, g \ [\mathrm{m/s^2}] \quad \text{（等加速度運動）} \tag{5.18}$$

となる．この運動は，g を $(m_B - m_A)/(m_B + m_A)$ 倍した等加速度運動である．A, Bそれぞれ，始めの位置を原点にとると，(5.2) と同様な考えで，

$$\dot{x}(t) = \frac{m_B - m_A}{m_B + m_A}\, gt \ [\mathrm{m/s}] \tag{5.19}$$

$$x(t) = \frac{1}{2}\left(\frac{m_B - m_A}{m_B + m_A}\right) gt^2 \ [\mathrm{m}] \tag{5.20}$$

---

*4 「軽い」ということは，質量が無視できることを意味する．したがって，張力はロープの至る所で同じである．また，「伸びない」とは，2点間の距離が一定であり，伸びて弾性力のような余計な力がはたらかないことを意味する．

を得る．時刻 t_1 に h に達したとすると，$x(t_1) = h$ である．（5.20）より，$t_1 = \sqrt{2h(m_A + m_B)/\{g(m_B - m_A)\}}$．これを（5.19）に代入して，

$$\dot{x}(t_1) = \sqrt{2gh \frac{m_B - m_A}{m_B + m_A}} \ [\text{m/s}] \tag{5.21}$$

と求まる．

　ここで，（5.16）より S を求めてみると，$S = 2m_A m_B g/(m_A + m_B)$ となって，$m_A g < S < m_B g$ を満たしていることがわかる．すなわち，当然のことであるが，A は上向きに，B は下向きに，正味の力を受けて運動している．$m_A = m_B$ のときは力がつり合って静止しているか，または等速度運動をしている．

問題5.4　**糸でつながれた2つの物体の運動**

　動摩擦係数が μ' の粗い水平の台の上に，物体 A（質量 m_A）が置かれ，水平な糸によりなめらかな滑車を通して鉛直につるされた物体 B（質量 m_B）につながれている．糸は軽くて伸びないものとする．物体 B は床から h の高さにある（図 5.3）．糸を張って B を静かに離したときの A と B の運動について，次の問いに答えなさい．ただし，空気の抵抗は無視し，重力加速度の大きさを g とする．

図5.3　糸でつながれた2つの物体の運動

（1）　糸に沿って x 軸をとり，糸の張力を S として，A, B の運動方程式を書きなさい．

（2）　A, B の加速度，および，糸の張力を求めなさい．

（3）　B が床に着いたときの速度 v_1 を求めなさい．

（4）　A はやがて止まった．A がすべった距離を μ', g, v_1, h を用いて表しなさい．

（5）　A の運動について，x-t 図，v-t 図，a-t 図の概略を描きなさい．

●5.1.2● 平面運動

　次に，平面内の運動を考えよう．x 方向，y 方向それぞれの運動方程式を立てて，それらを解けばよい．

例題5.6　**放物線運動**

　水平な地表から，角度 θ の向きに初速 v_0 でボールを投げ上げた（図 5.4）．次の問いに答えなさい．ただし，重力加速度の大きさを g とし，空気の抵抗を無視する．

（1）　ボールの軌跡が放物線を成すことを示しなさい．

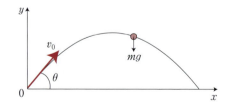

図5.4　放物線運動

（2） ボールの最大高さを求めなさい.

（3） ボールの飛距離（落下点までの距離）を求めなさい.

（4） v_0 が一定のとき，最大飛距離を与える角度はいくらか.

[**解**] ボールは平面内を運動する. それを xy 平面として，水平方向を x 軸，鉛直上方を y 軸とし，投げ上げた点を原点とする. 時刻 t でボールが空中の位置 $(x(t), y(t))$ にあるとき，ボールにはたらく力は鉛直下方に重力のみなので，運動方程式は，ボールの質量を m として

$$\left.\begin{array}{l} m\ddot{x} = 0 \text{ N} \\ m\ddot{y} = -mg \text{ [N]} \end{array}\right\} \tag{5.22}$$

である. x 方向の運動は等速度運動，y 方向は重力下での等加速度運動である. これを積分し，$t = 0$ での x 方向，y 方向の速度がそれぞれ $v_0 \cos\theta$, $v_0 \sin\theta$ であることを用いて，

$$\left.\begin{array}{l} \dot{x}(t) = v_0 \cos\theta \text{ [m/s]} \\ \dot{y}(t) = v_0 \sin\theta - gt \text{ [m/s]} \end{array}\right\} \tag{5.23}$$

さらに積分して，$x(0) = y(0) = 0$ に注意すると

$$x(t) = (v_0 \cos\theta)t \text{ [m]} \tag{5.24}$$

$$y(t) = (v_0 \sin\theta)t - \frac{1}{2}gt^2 \text{ [m]} \tag{5.25}$$

を得る. よって，各問いの答えは次のようになる.

（1） (5.24) と (5.25) から t を消去する. まず，(5.24) より，$t = x/(v_0 \cos\theta)$. これを (5.25) に代入して

$$y = -\frac{g}{2v_0^2 \cos^2\theta}x^2 + (\tan\theta)x \text{ [m]} \tag{5.26}$$

を得る. y は x の 2 次式なので，軌跡は放物線を描く. (5.26) を

$$y = -Ax^2 + Bx \text{ [m]} \quad \left(\text{ただし，} A = \frac{g}{2v_0^2 \cos^2\theta} \text{ [m}^{-1}\text{]}, B = \tan\theta\right) \tag{5.27}$$

とおき，変形して次式を得る.

$$y = -A\left(x - \frac{B}{2A}\right)^2 + \frac{B^2}{4A} \text{ [m]} \tag{5.28}$$

（2） 最大高さは，(5.28) で $x = B/(2A)$ のときで（$A > 0$ より，右辺第 1 項はゼロか負なので），次のように求まる.

$$\frac{B^2}{4A} = \frac{v_0^2 \cos^2\theta \cdot \tan^2\theta}{2g} = \frac{v_0^2 \sin^2\theta}{2g} \text{ [m]} \tag{5.29}$$

（3） (5.27) において $y = 0$ より，$x = 0$，または $x = B/A$ を得るが，$x = 0$ は出発点なので除外すると，飛距離は B/A と求まる. これにもとの値を代入して，次式を得る.

$$\text{飛距離} = \frac{B}{A} = \frac{2v_0^2 \cos^2\theta \tan\theta}{g} = \frac{2v_0^2 \cos\theta \sin\theta}{g}$$

$$= \frac{v_0^2 \sin(2\theta)}{g} \text{ [m]} \tag{5.30}$$

（4） 飛距離が最大になるのは $\sin(2\theta) = 1$，すなわち $\theta = \pi/4$ のときである.

問題 5.5　ホームランの最高飛距離

　プロ野球でのホームランの最高推定飛距離は，約 170 m という．45° の角度で上がったとして，打った瞬間の速さはいくらか．ただし，空気の抵抗は無視し，重力加速度の大きさを 9.8 m/s² とする．

問題 5.6　水平に投げたボールの飛距離

　高さ h の地点から水平に初速度 v_0 で投げたボールの飛距離 l が，

$$l = v_0 \sqrt{\frac{2h}{g}} \ [\text{m}] \tag{5.31}$$

で与えられることを示しなさい．ただし，重力加速度の大きさを g とし，空気の抵抗を無視する．

問題 5.7　無重力状態

　自由落下するエレベーターのなかは，**無重力状態**（null gravitational state）であることはよく知られている[*5]．現実的には，飛行機のなかで 10 分程度の無重力状態を味わうことができる．それは，飛行機のエンジンを切って，放物線運動をさせることによって可能である．さて，無重力状態はいつの時点から始まるのであろうか．ただし，空気の抵抗は無視する．

（イ）　放物線の頂点から　　（ロ）　放物線の頂点を過ぎた辺りから

（ハ）　エンジンを切った瞬間から　　（ニ）　機体が水平になった瞬間から　　（ホ）　放物線の頂点の少し前から

‒‒

例題 5.7　モンキーハンティング

　木の枝にぶらさがっていた猿をめがけて，石を投げた．それに気付いた猿は，同時に手を離した．石は放物線を描くが，石は必ず猿に当たることを示しなさい．ただし，猿の高さは十分高く，また，石の初速度は十分大きいものとする．空気の抵抗は無視する．

[解]　石が猿に当たるということは，ある時刻に石と猿の位置が一致するということである．それを示せばよい．図 5.5 のように，$t = 0$ での石の位置を原点とする xy 座標をとると，時刻 t の石の座標は $(x_石(t), y_石(t))$ と表せる．石の初速を v_0 とすると，石（質量 m）の運動方程式（(5.22) 参照）は

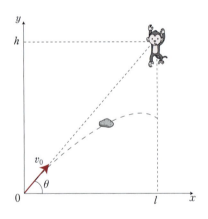

図 5.5　モンキーハンティング

$$\left. \begin{array}{l} m\ddot{x}_石 = 0 \ \text{N} \\ m\ddot{y}_石 = -mg \ [\text{N}] \end{array} \right\} \tag{5.32}$$

---

*5　アインシュタインは，自由落下するエレベーターを想像して，**等価原理**（principle of equivalence）というアイデアにたどりついた．等価原理とは，重力質量 ＝ 慣性質量であること，すなわち，重力場の効果が通常の加速度の効果と全く同等であるという主張である．エレベーターの自由落下においては，内部は無重力状態，すなわち，何の力もはたらいていない状態と等価である．なかにいる人には，本質的に何の力もはたらいていない空間と区別がつかない．

である.

これに初期条件を考慮して, 時刻 t での石の位置は, (5.24) と (5.25) より

$$x_{石}(t) = (v_0 \cos \theta)t \,[\mathrm{m}] \tag{5.33}$$

$$y_{石}(t) = -\frac{1}{2}gt^2 + (v_0 \sin \theta)t \,[\mathrm{m}] \tag{5.34}$$

となる. 猿の $t = 0$ での位置を (l, h) とすると, $\tan \theta = h/l$ である.

一方, 猿は自由落下するから, 時刻 t での位置は

$$\left. \begin{array}{l} x_{猿}(t) = l \,[\mathrm{m}] \\[4pt] y_{猿}(t) = h - \dfrac{1}{2}gt^2 \,[\mathrm{m}] \end{array} \right\} \tag{5.35}$$

である. 時刻 t_1 に, 石が $x_{石}(t_1) = l$ に達すると, (5.33) より $t_1 = l/(v_0 \cos \theta)$. そのときの $y_{石}$ は, (5.34) に t_1 を代入して,

$$y_{石} = (v_0 \sin \theta)t_1 - \frac{1}{2}gt_1^2 = \frac{\sin \theta}{\cos \theta}l - \frac{1}{2}gt_1^2 = h - \frac{1}{2}gt_1^2 \,[\mathrm{m}] \tag{5.36}$$

となって, (5.35) に t_1 を代入した値と一致する. すなわち必ず当たる[*6].

問題5.8 **投げ合ったボール**

深い谷を挟んで, 二人が水平面の同一直線上を 20 m 離れて向き合い, 水平な同一直線上でボールを初速 8.0 m/s と 12 m/s で同時に投げ合うとき, ボールはぶつかるだろうか. ぶつかるとしたら, 何秒後だろうか. 空気の抵抗を無視して答えなさい.

5.2 復元力がはたらく場合の運動

復元力 (restoring force) とは, 物体をもとの位置に戻そうとする力である. 復元力がはたらく場合の運動は周期的, すなわち, 同じ運動を繰り返す. そのような周期運動の1つに**単振動** (simple harmonic oscillation) がある. ばねや振り子の運動, そして等速円運動がその例である. ここでは, 単振動とその解について学ぼう.

5.2.1 ばねによる運動

復元力による運動の典型例は, ばねによる運動である.

例題5.8 **水平なばねに付けたおもりの運動**

水平でなめらかな床の上に置かれた, ばね (ばね定数 k) を考えよう. 一方の端を固定し, 他端に質量 m のおもりを付ける. 図5.6のように x 軸をとり, ばねの自然長のときのおもりの位置を原点としよう. おもりを x_0 だけ引張って静かに放した時刻を

[*6] 動物虐待で物議を醸しそうな問題であるが, モンキーハンティングという昔から有名な問題であり, オリジナルでは猟師が鉄砲を撃つ. 猿の高さが低すぎると, 石が届く前に猿が地面に着いて逃げてしまう. また, 初速度が小さいと, 猿に届く前に地面に石が落ちてしまう. そうならないための条件が問題に付されている.

$t = 0$ として，任意の時刻 t でのおもりの位置と速度を求めなさい．また，この運動の周期を求めなさい．

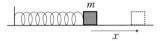

図5.6 水平なばねに付けたおもりの運動

[**解**] おもりの位置が x のときにはたらく力は，向きも含めて $-kx$ である（(4.6) 参照）．運動方程式は，次式のようになる．

$$m\ddot{x} = -kx \,[\mathrm{N}] \tag{5.37}$$

ここで，

$$\omega^2 = \frac{k}{m} \,[\mathrm{s}^{-2}] \tag{5.38}$$

とおくと，(5.37) は，

$$\ddot{x} = -\omega^2 x \,[\mathrm{m/s}^2] \quad （単振動の式） \tag{5.39}$$

と書ける．この式は単振動の式とよばれ，$\omega\,[\mathrm{s}^{-1}]$ は，**角速度**（angular velocity），または**角振動数**（angular frequency）とよばれる．

この運動方程式は，求めるべき $x(t)$ が式に含まれているため，これまでのように，両辺を t で積分して解くわけにはいかない．これは数学でいう**微分方程式**（differential equation）の一種であり，微分方程式を解いて解（すなわち，$x(t)$）を見付けることが要求される．(5.39) は t に関する 2 階の微分方程式であるから，その解は，2 つの積分定数（未知の定数）を含んでいる．未知の積分定数を含む解を**一般解**（general solution）という（その解法については，数学の教科書を参照のこと）．

(5.39) を満足する一般解は，A，B を定数（積分定数）として

$$x(t) = A\cos\omega t + B\sin\omega t \,[\mathrm{m}] \quad （単振動の一般解） \tag{5.40}$$

$$= A'\cos(\omega t + \phi_0) \,[\mathrm{m}] \quad (A = A'\cos\phi_0,\ B = -A'\sin\phi_0) \tag{5.41}$$

と書ける．(5.40) または (5.41) を (5.39) に代入すれば，(5.39) を満たしている，すなわち，(5.39) の解であることが確かめられる．(5.41) で A' を**振幅**（amplitude），ϕ_0 を**初期位相**（$t = 0$ での位相，initial phase）という．速度は，(5.40) を微分して，

$$\dot{x}(t) = -A\omega\sin\omega t + B\omega\cos\omega t \,[\mathrm{m/s}] \tag{5.42}$$

となる．

未知の積分定数 A，B は，初期条件から決めることができる．初期条件は，この場合，$t = 0$ での値が $x(0) = x_0$，$\dot{x}(0) = 0$ である．(5.40)，(5.42) に $t = 0$ を代入して，$B = 0$，$A = x_0$ を得る．したがって，

$$\left.\begin{array}{l} x(t) = x_0\cos\omega t \,[\mathrm{m}] \\ \dot{x}(t) = -\omega x_0\sin\omega t \,[\mathrm{m/s}] \end{array}\right\} \tag{5.43}$$

となる．ただし，$\omega = \sqrt{k/m}$ である．

この運動の**周期**（period）T は，(5.40) において，$t = 2\pi/\omega$ でもとの値に戻ることから，

$$T = \frac{2\pi}{\omega} = 2\pi\sqrt{\frac{m}{k}} \,[\mathrm{s}] \quad （単振動の周期） \tag{5.44}$$

である．(5.43) で，x_0 は振幅であり，平衡点（つり合いの点）からの最大の振れ幅を表している．

問題 5.9　単振動の解

（5.40）が（5.39）を満たすことを確かめなさい.

●5.2.2●　単振り子

糸でおもりをつるし，鉛直面内で往復運動をさせる（**単振り子**（pendulum））. その微小振動は，ガリレイが発見した「振り子の**等時性**」（isochronism）を示す. すなわち，その周期は，おもりの質量や振幅にはよらず，糸の長さと重力加速度の大きさのみによる.

例題 5.9　単振り子の等時性

糸の長さが l である単振り子の微小振動の周期 T は，次式で与えられることを示しなさい. ただし，空気の抵抗は無視し，重力加速度の大きさを g とする.

$$T = 2\pi\sqrt{\frac{l}{g}} \text{ [s]} \quad (\text{単振り子の周期})$$
$$(5.45)$$

すなわち，周期 T は，質量や振幅にはよらず，糸の長さ l の平方根に比例する.

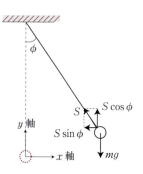

図 5.7　単振り子

[**解**]　図 5.7 のようにつり合いの位置を原点とし，鉛直上方に y 軸，水平方向に x 軸をとろう. 糸が鉛直方向と角度 ϕ を成しているとき，おもりの位置 (x, y) での運動方程式を書こう. 糸の張力を S とし，おもりの質量を m とすると，

$$m\ddot{x} = -S\sin\phi \text{ [N]} \tag{5.46}$$
$$m\ddot{y} = S\cos\phi - mg \text{ [N]} \tag{5.47}$$

となる.（x, y）と ϕ の関係は，振動が微小振動（$\phi \ll 1$）[*7] なので，ϕ の 2 次以上の項は無視して

$$\left.\begin{array}{l} x = l\sin\phi \simeq l\phi \text{ [m]} \\ y = l(1 - \cos\phi) \simeq 0 \text{ m} \end{array}\right\} \tag{5.48}$$

である. したがって，（5.47）で左辺が 0 より，$S \simeq mg$ なので，（5.46）は

$$m\ddot{x} = -\frac{mg}{l}x \text{ [N]} \tag{5.49}$$

となる.（5.39）と比べると，この場合 $\omega = \sqrt{g/l}$ となり，周期 T は，（5.44）より（5.45）と求まる.（例題 1.1 の次元解析では決まらなかった比例係数が，運動方程式を解くことにより 2π と求まった.）

問題 5.10　単振り子の速度

長さ l の単振り子を，糸を張ったまま，鉛直下方から ϕ_0 の角度まで持ち上げて，$t = 0$ に静かに放した. 最初に最下点を通るときの時刻と，そのときのおもりの速さを求めなさい. ただし，振動

────────────

[*7]　角度は通常ラジアン（rad）ではかる. 単位を書かなければラジアンを意味する.

は微小振動（$\phi_0 \ll 1$）とする．また，空気の抵抗は無視し，重力加速度の大きさを g とする．

5.3   等速円運動

さらにもう1つの周期運動，等速円運動について考えよう．

●5.3.1●   速度，加速度，向心力

等速円運動では，物体の速度の大きさ（速さ）は一定であるが，その向きは時々刻々と変わっている．すなわち，速度は一定ではなく変化しているのだから，物体は力を受けていることがわかる．円運動をするためには，その力は円の中心方向を向いている必要がある．物体に糸を付けて円を描くように回してみると，物体には円の中心方向の張力がはたらいていることから，このことを実感できるであろう．

等速円運動では，力が円の中心方向に向いているので，この力を**向心力**（central force）とよぶ．これに対して**遠心力**（centrifugal force）は，円運動をする乗り物（例えば急カーブを切った自動車）のなかの人が感じる外向きの力である．遠心力は，系が回転運動をすることによって生じる**見かけの力**（aparent force）[*8]であり，向心力と大きさは等しく外向きの力である．

運動方程式（3.2）より，力を物体の質量で割ったものが加速度であるから，等速円運動では加速度も中心方向を向いている．それで，等速円運動の加速度を**向心加速度**とよぶ．これらについて具体的に見てみよう．

▰▰▰▰▰▰▰▰▰▰▰▰▰▰▰▰▰▰▰▰▰▰▰▰▰▰▰▰▰▰▰▰▰▰▰▰▰▰▰

例題5.10   **等速円運動の速さ，周期，はたらく力**

水平面内で半径 r の円周上を一定の角速度 ω で等速円運動する質量 m のおもりの，周期 T，速さ v，加速度の大きさ a，はたらく力 F がそれぞれ

$$T = \frac{2\pi}{\omega} \,[\text{s}], \quad v = r\omega \,[\text{m/s}], \quad a = r\omega^2 \,[\text{m/s}^2] \\ F = mr\omega^2 = \frac{mv^2}{r} \,[\text{N}]$$

$$(5.50)$$

と与えられること，加速度と力は，中心を向いていることを示しなさい．

[解] ω は角速度[*9]であるから，時間 t の間に回る角度は ωt である．1周に要する時間は周期 T であり，そのとき角度は 2π となるから，$\omega T = 2\pi$，よって $T = 2\pi/\omega$．また，1周 $2\pi r$ の長さを速さ v で回ると周期 T は $T = 2\pi r/v$，これより $v = r\omega$ を得る．時刻 t でのおもりの位置を $\boldsymbol{r} = (x(t), y(t))$ とすれば（図5.8）

---

*8   観測者がいる系が，慣性系でないときに感じる力．非慣性力ともいう．
*9   図5.8から，ω が角速度とよばれる理由が明らかであろう．すなわち，図5.8の θ は，$\theta = \omega t + \phi_0$ であり，θ は時間 $\varDelta t$ に $\omega \varDelta t$ ずつ増えていく．ω が角振動数ともよばれる理由は，8.3節を参照のこと．

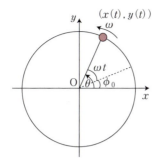

図5.8 等速円運動

$$x(t) = r \cos(\omega t + \phi_0) \, [\text{m}] \atop y(t) = r \sin(\omega t + \phi_0) \, [\text{m}] \Bigg\} \tag{5.51}$$

と表される．ϕ_0 は $t = 0$ のときの角度である．

2度微分すると，

$$\ddot{x}(t) = -\omega^2 r \cos(\omega t + \phi_0) = -\omega^2 x(t) \, [\text{m/s}^2] \atop \ddot{y}(t) = -\omega^2 r \sin(\omega t + \phi_0) = -\omega^2 y(t) \, [\text{m/s}^2] \Bigg\} \tag{5.52}$$

が得られる．(5.52) は単振動の式である．(5.52) より $a = \sqrt{\ddot{x}^2 + \ddot{y}^2} = r\omega^2$ となる．また，(5.52) に質量 m を掛けると運動方程式が得られ，

$$m\ddot{x} = -m\omega^2 x \equiv F_x \, [\text{N}] \atop m\ddot{y} = -m\omega^2 y \equiv F_y \, [\text{N}] \Bigg\} \tag{5.53}$$

となる．物体にはたらく力の大きさ F は，$\sqrt{F_x^2 + F_y^2} = mr\omega^2 = mv^2/r$ と求まる．

加速度ベクトルは，(5.52) より $-\omega^2 \boldsymbol{r}$ となり，位置ベクトル $\boldsymbol{r}$ と逆向きで中心方向を向いていることがわかる．力は加速度に質量を乗じたものだから，力も中心方向を向いていることがわかる（向心力）．

■■

問題5.11 **太陽の質量**

地球にはたらく万有引力と向心力とが等しいことを用いて，太陽の質量を求めなさい．ただし，地球と太陽の間の距離を 1.5×10^8 km，重力定数を 6.67×10^{-11} N·m²/kg² とする．

●5.3.2● 惑星の運動とケプラーの3法則

この項では，等速円運動の例として，太陽の周りにおける惑星の運動を考えよう．実際の惑星の軌道は，**ケプラー**[10] が発見した3法則のうちの第1法則にあるように楕円軌道であるが，十分円軌道に近い．

ケプラーの3法則（Kepler's 3 laws）は次のようになる．

---

*10 Kepler, Johannes（ドイツ，1571 - 1630）：1599 年プラハのティコ・ブラーエ（Tycho Brahe）の研究助手となり，1601 年に師が亡くなった跡を継いで，宮廷天文学者となった．師が一生をかけて残した膨大なデータを解析し，詳細に検討した結果，**惑星**（planet）の（太陽の周りの）**公転**（revolution）に対する3つの法則を発見した．

第1法則：楕円軌道の法則

　惑星の公転軌道は，太陽を焦点の1つとする楕円軌道である．

第2法則：面積速度一定の法則

　太陽と惑星を結ぶ直線が，単位時間に掃過する面積（面積速度）は一定である（図5.9）．

第3法則：(公転周期)^2 ∝ (楕円軌道の長半径)^3

　惑星の公転周期 T の2乗は，楕円軌道の長半径 a の3乗に比例する．すなわち $T^2 \propto a^3$ が成り立つ．

　惑星を人工衛星や月に，太陽を地球におきかえれば，地球の周りを回る人工衛星や月についても成り立つ．

　第1法則は，惑星にはたらく力が太陽との万有引力であることを用いて，惑星の運動方程式を解くことにより導くことができる．第2法則（図5.9）は，角運動量保存則（7.1節）の帰結である．等速円運動では，ケプラーの第1および第2法則は自明である．ここでは，惑星の軌道が円（長半径と短半径の長さが等しい楕円）である場合に，第3法則が成り立つことを見てみよう．

図5.9　楕円軌道と面積速度．ケプラーの第2法則より，同じ Δt の時間に掃過する面積 A，B は等しい．

例題5.11　　惑星の軌道が円の場合におけるケプラーの第3法則

　惑星の軌道が円の場合に，ケプラーの第3法則が成り立つことを示しなさい．

　[解]　質量 M の太陽の周りを，質量 m の惑星が，公転速度の大きさ v，半径 r で公転するとき，万有引力 GMm/r^2 は向心力 mv^2/r と等しい．$GMm/r^2 = mv^2/r$ において，周期 $T = 2\pi r/v$ より v を消去すると

$$\frac{r^3}{T^2} = \frac{GM}{4\pi^2} = 一定 \ [\text{m}^3/\text{s}^2] \tag{5.54}$$

となり，惑星によらない定数となる．よって示せた．

問題5.12　　静止衛星

　赤道上空を，23時間56分4秒（1恒星日）の周期で，地球の自転の向きに周回する人工衛星を**静止衛星**（stationary satellite）[11] という．静止衛星の高度を求めなさい．ただし，地球の半径を 6.4×10^3 km，重力加速度の大きさを 9.8 m/s^2 とする．また，静止衛星の質量を 1.0 トンとして，衛星にはたらく向心力を求めなさい．

_____

　[11]　静止衛星は，地上から見ていつも同じ位置にある．通信衛星などとして活躍している．

第6章
エネルギー保存則，運動量保存則

学習目標

- 仕事の定義を理解し，運動方程式からエネルギー保存則が導かれることを知る．
- エネルギー保存則，および力学的エネルギー保存則を，実際の問題に活用できるようになる．
- 仕事率の定義を理解する．
- 2つの物体の衝突問題について，運動量保存則などを活用できるようになる．

キーワード

仕事（W [J]），運動エネルギー（$\frac{1}{2}mv^2$ [J]），エネルギー保存則，保存力，非保存力，位置エネルギー（ポテンシャルエネルギー，$U(x)$ [J]），仕事率（P [W]），運動量保存則，反発係数（跳ね返り係数：e），弾性衝突，（完全）非弾性衝突

　まず，力のする「仕事」の定義をしっかり理解しよう．仕事と運動エネルギーとの関係を導き，活用できるようにしよう．**エネルギー保存則**（conservation of energy）を用いると，運動方程式を解かなくても簡単に答えが求まる場合が多く，また，問題を大づかみに理解できるなど，応用範囲が広い．

　次に「保存力」と「非保存力」の区別を学ぼう．力が保存力のとき，位置エネルギー（ポテンシャル）が定義でき，力学的エネルギー保存則が活用できる．

　そして最後に，衝突における運動量保存則について学ぼう．

6.1　仕事とエネルギー保存則

　力のする**仕事**（work）について定義する．いま，一定の力 F がはたらいている場合を考えよう．物体が Δr だけ移動したとき，力のした仕事は

$$仕事＝力 \times 力の向きに動いた距離$$
$$＝力の移動方向成分 \times 移動距離 \tag{6.1}$$

と定義される．

　ベクトル F と Δr の内積を用いると，仕事 ΔW は

$$\Delta W = \boldsymbol{F} \cdot \Delta \boldsymbol{r} = F \,\Delta r \cos\theta \,[\text{J}] \tag{6.2}$$

とも書ける．ここで θ は，2つのベクトルの成す角度である．

●**数学的事項：ベクトルの内積（スカラー積）**

2つのベクトル $\boldsymbol{A} = (A_x, A_y, A_z)$ と $\boldsymbol{B} = (B_x, B_y, B_z)$
があるとき，

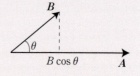

図 6.1 スカラー積

$$
\begin{aligned}
\boldsymbol{A} \cdot \boldsymbol{B} &= \boldsymbol{B} \cdot \boldsymbol{A} \\
&= A_x B_x + A_y B_y + A_z B_z \\
&= AB \cos\theta
\end{aligned}
\tag{6.3}
$$

を $\boldsymbol{A}$ と $\boldsymbol{B}$ の**内積**（inner product），または，**スカラー積**（scalar product）という．θ は $\boldsymbol{A}$ と $\boldsymbol{B}$ とが成す角度である（図 6.1）．その定義からすぐにわかるように，互いに直交するベクトルでは，内積はゼロになる．

問題 6.1 $A_x B_x + A_y B_y + A_z B_z = AB \cos\theta$ の証明

$A_x B_x + A_y B_y + A_z B_z = AB \cos\theta$ が成り立つことを示しなさい．

問題 6.2   ベクトルの直交性

等速円運動をする物体について，中心からの物体の位置ベクトルと速度ベクトルとが直交することを示しなさい．

仕事はエネルギーの次元をもつ．SI 単位では単位は J（ジュール）[1] で，

$$
1\,\mathrm{J} = 1\,\mathrm{N \cdot m} = 1\,\mathrm{kg \cdot m^2/s^2}
\tag{6.4}
$$

と定義される．

力に乗ずる距離が，力の向きへの移動距離であることに注意しよう．重い荷物を持って水平に歩いても，仕事はゼロである．重力の向きが鉛直方向であり，移動の向きと直交するからである．

ここでは，力が，時間によらない場合を考える．3次元の一般の場合に，以下の議論を拡張することができるが，簡単のため，1次元の場合に話を限る．

ここで，力が位置 x による場合（例えば弾性力）に拡張しよう．もちろん，力が一定のとき（例えば重力）も議論に含まれる．力を x の関数 $F(x)$ と書くとき，位置 A（座標 x_{A}）から B（座標 x_{B}）への仕事 $W_{\mathrm{A \to B}}$ は，微小仕事 dW を足し合わせて，積分として定義される．

---

*1   Joule, James P.（イギリス，1818-1889）：1840 年に電流の熱作用「ジュールの法則」を発見．1847 年には水中で羽車を回して，熱の仕事当量を測定することに成功するなど，仕事と熱の分野での大きな功績を認められて，エネルギーの単位に名を残す．

$$\text{仕事 (A→B)} \equiv W_{A→B} = \int_{x_A}^{x_B} dW$$
$$= \int_{x_A}^{x_B} F(x)\,dx\ [\text{J}]\quad(\text{仕事の定義式}) \tag{6.5}$$

例題 6.1 摩擦力に逆らって物体を水平に移動させるために必要な仕事

水平な粗い床上の質量 m の物体を静かに押して，距離 l だけ移動させるのに必要なエネルギーを求めなさい（図 6.2）．ただし，重力加速度の大きさを g，動摩擦係数を μ' とする．

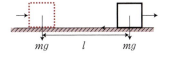

図 6.2 摩擦力に対してする仕事

[解] 水平方向に移動しているので，重力や垂直抗力のする仕事はゼロである．床からの垂直抗力の大きさは mg であるから，動く物体にはたらく摩擦力は $\mu' mg$ である．その摩擦力と大きさは同じで，逆向きの力を加えて l だけ移動させるので，必要なエネルギーは $\mu' mgl$ である．

問題 6.3 重力に逆らってする仕事

水平面と角度 θ を成す斜面に沿って，l だけ質量 m の物体を引き上げる．

（1） 斜面がなめらかな場合に必要な仕事を求めなさい．

（2） 斜面との動摩擦係数が μ' の場合の仕事を求めなさい．

次に，**運動エネルギー**（kinetic energy）を定義しよう．

$$\text{質量 } m,\ \text{速度 } v \text{ の物体の運動エネルギー} = \frac{1}{2}mv^2\,[\text{J}] \tag{6.6}$$

運動エネルギーも，エネルギーの次元（単位）をもつことがわかる．

次に，運動方程式から，**エネルギー保存則**が導かれることを見よう．

例題 6.2 エネルギー保存則

質量 m の物体に力 $F(x)$ がはたらいて，物体が位置 A（座標 x_A）から B（座標 x_B）に移動したとき，次式が成り立つこと，

$$\text{力がした仕事 }(W_{A→B}) = \text{A から B への運動エネルギーの変化分} \tag{6.7}$$

すなわち，

$$W_{A→B} = \int_{x_A}^{x_B} F(x)\,dx = \frac{1}{2}mv_B^2 - \frac{1}{2}mv_A^2\,[\text{J}]\quad(\text{エネルギー保存則}) \tag{6.8}$$

であることを示しなさい．ここで，v_A, v_B は点 x_A, x_B での物体の速度である．

[解] 物体の速度を v として，運動方程式を次のように書こう．

$$m\frac{dv}{dt} = F(x)\,[\text{N}]\quad(\text{運動方程式}) \tag{6.9}$$

両辺に v を掛けると，

$$mv\frac{dv}{dt} = F(x)\,v\ [\text{N·m/s}] \tag{6.10}$$

ここで左辺は

$$\frac{d}{dt}\left(\frac{1}{2}v^2\right) = v\,\frac{dv}{dt}\ [\text{m}^2/\text{s}^3] \tag{6.11}$$

を使い，右辺を $v = dx/dt$ とおきかえて，(6.10) は

$$\frac{d}{dt}\left(\frac{1}{2}mv^2\right) = F(x)\,\frac{dx}{dt}\ [\text{N·m/s}] \tag{6.12}$$

であり，両辺に dt を掛けると

$$d\left(\frac{1}{2}mv^2\right) = F(x)\,dx\ [\text{N·m/s}] \tag{6.13}$$

が得られる.

　位置 A（座標 x_A）から位置 B（座標 x_B）に移動したとして，それぞれの点での速度を v_A, v_B とすると，(6.13) を積分して，

$$\frac{1}{2}mv_\text{B}^2 - \frac{1}{2}mv_\text{A}^2 = \int_{x_\text{A}}^{x_\text{B}}F(x)\,dx \equiv W_{\text{A}\to\text{B}}\ [\text{J}] \tag{6.14}$$

を得る[*2]. よって示せた.

- -

　(6.8) の意味を言葉でいうと，「**質点の運動エネルギーの増加分は，力がした仕事に等しい**」となる[*3]. いいかえれば，「**力が仕事をした分だけ運動エネルギーが増加する**」. 摩擦力がはたらく場合のように，外からの力に逆らって逆方向に運動する場合は，摩擦力に逆らってした仕事の分だけ，運動エネルギーは減少する. 摩擦力に逆らってした仕事は，熱エネルギーなどに変換される.

- -

例題6.3　ブレーキをかけた自動車の走る距離

　水平な道路を時速 72 km で走る自動車が，急ブレーキをかけて止まった. ブレーキをかけてから，止まるまでに走る距離を求めなさい. ただし，重力加速度の大きさを $g = 9.8\,\text{m/s}^2$，動摩擦係数を 0.4 とする.

[**解**]　自動車の質量を m，速度 $v = 72\,\text{km/h} = 20\,\text{m/s}$，動摩擦係数 $\mu' = 0.4$ とし，止まるまでに走る距離を l とする. 始め自動車がもっていた運動エネルギーは $(1/2)\,mv^2$ だから，(6.8) の右辺は $0 - (1/2)\,mv^2$ である.

　一方，摩擦力 $F = \mu'mg$ がした仕事は，移動距離が力と逆向きなので $-Fl$ に等しいから，

$$-\frac{1}{2}mv^2 = -\mu'mgl\ [\text{J}] \tag{6.15}$$

[*2]　$K = \frac{1}{2}mv^2$ とおくと，$\displaystyle\int_{\text{A}\to\text{B}}dK = [K]_{K_\text{A}}^{K_\text{B}} = K_\text{B} - K_\text{A} = \frac{1}{2}mv_\text{B}^2 - \frac{1}{2}mv_\text{A}^2$ である.

[*3]　力の符号を含めて (6.8) が成り立つ. すなわち，力が負の場合は，運動エネルギーはその分だけ減少する.

と書け，l について解いて，次式を得る．

$$l = \frac{v^2}{2\mu' g} = \frac{400}{2 \times 0.4 \times 9.8}$$

$$\simeq 50 \text{ m} \tag{6.16}$$

止まるまでに走る距離（制動距離）は質量には無関係で，初速度の2乗に比例し，動摩擦係数に反比例する（問題5.1の別の解法）

6.2 保存力と位置エネルギー

保存力と非保存力の区別を学び，力が保存力の場合に定義できる位置エネルギー（ポテンシャル）について理解しよう．

●6.2.1● 保存力と非保存力

力がする仕事が，始めの位置と終わりの位置だけで決まる場合，その力を**保存力**（conservative force）という．保存力の例は，重力や弾性力である．決まらない場合，その力を**非保存力**（non conservative force）という．非保存力の例は摩擦力である．摩擦力では，回り道をすれば，その分だけ仕事が大きい．すなわち，摩擦力のする仕事は，始めの位置と終わりの位置を指定するだけでは決まらない．

●6.2.2● 位置エネルギーの定義

力 F が保存力の場合，位置エネルギーが定義できる．

点 x での位置エネルギー ＝ x から基準点まで力 F がする仕事 ［J］ (6.17)

点 x での位置エネルギーを関数 $U(x)$ とし，**基準点**を x_0 とすると，仕事は積分として表され，

$$U(x) = \int_x^{x_0} F(x')\,dx' \,[\,\text{J}\,] \tag{6.18}$$

と書ける．ここで x' は積分変数であり，位置の変数 x と区別している．$U(x)$ を**位置エネルギー**（potential energy），あるいは**ポテンシャル**（potential）とよぶ[*4]．

次に，重力の位置エネルギーを求め[*5]，改めて位置エネルギーの意味について考えてみよう．

例題6.4 重力の位置エネルギー

質量 m の物体にはたらく重力の位置エネルギー $U_{重力}(y)$ が，

[*4] ポテンシャルとは可能性を意味する．高い位置にある水は，その落差を利用した水力発電により，エネルギーを生成できる．すなわち，そういう可能性を秘めている．それで位置エネルギーをポテンシャルという．

[*5] 鉛直上向きを y 軸とすることが多いので，ここでも x でなく，y 軸を用いた．

$$U_{\text{重力}}(y) = mgy \, [\text{J}] \tag{6.19}$$

で与えられることを示しなさい．ただし，y 軸を鉛直上向きにとり，位置エネルギーの基準点を原点とする．また，重力加速度の大きさを g とする．

[**解**]　(6.18) に $F(x') = -mg$ を代入して (6.19) を得る．重力ポテンシャルを図示すると，図 6.3 のように原点を通り，傾きが正の直線になる[*6]．

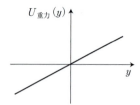

図 6.3　重力ポテンシャル

質量 m の物体が基準の位置（原点とする）から h の高さにあるときの重力の位置エネルギーが，mgh である（(6.19) 参照）ことの意味を考えてみよう．質量 m の物体を重力 mg に逆らって h の高さまで上げるには，mgh の仕事をする必要がある．逆に，高さ h にある質量 m の物体は，mgh の仕事をする能力がある．このことを利用したものとして水力発電（6.4 節）がある．

問題 6.4　ばねの位置エネルギー

ばねの位置エネルギー $U_{\text{ばね}}(x)$ が次式で与えられることを示しなさい．ただし，k はばね定数である．

$$U_{\text{ばね}}(x) = \frac{1}{2}kx^2 \, [\text{J}] \tag{6.20}$$

●6.2.3●　力学的エネルギー保存則

運動エネルギーや位置エネルギーのことを，**力学的エネルギー**（mechanical energy）という．力が保存力の場合，x_A から x_B へ力のした仕事 $W_{\text{A}\to\text{B}}$ は，(6.18) により，位置エネルギーの差で表され，

$$W_{\text{A}\to\text{B}} \equiv \int_{x_\text{A}}^{x_\text{B}} F(x) \, dx = U(x_\text{A}) - U(x_\text{B}) \, [\text{J}] \tag{6.21}$$

となる．(6.8) に代入して整理すると

$$\frac{1}{2}mv_\text{A}^2 + U(x_\text{A}) = \frac{1}{2}mv_\text{B}^2 + U(x_\text{B}) \, [\text{J}] \quad （力学的エネルギー保存則） \tag{6.22}$$

と変形される．A，B は任意なので，(6.22) は

運動エネルギー ＋ 位置エネルギー ＝ 一定　（力学的エネルギー保存則）

$$\tag{6.23}$$

を意味する．これを**力学的エネルギー保存則**（law of conservation of mechanical energy）とよぶ．

---

　*6　すなわち，y が大きいほど位置エネルギーは大きい．それだけ，ポテンシャルが高い．

ここで，よく使う力学的エネルギー保存則をまとめておこう．

$$
\left.
\begin{aligned}
\frac{1}{2}mv^2 + mgy &= 一定\,[\,\mathrm{J}\,]\,(重力のもとでの力学的エネルギー保存則)\\
\frac{1}{2}mv^2 + \frac{1}{2}kx^2 &= 一定\,[\,\mathrm{J}\,]\,(ばねとおもりの力学的エネルギー保存則)
\end{aligned}
\right\}
\tag{6.24}
$$

例題 6.5　　**なめらかな丘をすべる物体の速さ**

　高さ h のなめらかな丘がある．その頂上から初速ゼロですべり出した物体の，地上での速さを求めなさい．ただし，空気の抵抗は無視し，重力加速度の大きさを g とする．

[**解**]　物体の質量を m とすると，重力は mgh の仕事をしたことになる．エネルギー保存則により，その分が運動エネルギーの増分になると考えればよい．地上での速さを v とすると，始め止まっていたのだから，$mgh + 0 = 0 + (1/2)mv^2$．よって，$v = \sqrt{2gh}$ を得る[*7]．

例題 6.6　　**水平なばねに付いたおもりの最大速さと振幅**

　水平でなめらかな床の上に，一方の端が固定されたばねが置かれている（図5.6）．もう片側に，おもりを付けて振動させたところ，周期は T，最大速さは v_0 であった．おもりの振幅を求めなさい．

[**解**]　おもりの角振動数を ω とすると，$\omega = 2\pi/T$．任意の時刻でのおもりの位置を x，おもりの質量を m とすると，運動方程式は

$$
m\ddot{x} = -m\omega^2 x\,[\mathrm{N}]
$$

と書け，ばね定数 k は $k = m\omega^2$ となる（または (5.37) より）．

　位置 x での速度を v とすると，力学的エネルギー保存則

$$
\frac{1}{2}kx^2 + \frac{1}{2}mv^2 = 一定\,[\,\mathrm{J}\,]
$$

より，最大速さの点は $x = 0$，最大振幅の点では $v = 0$ となる．

　したがって，振動の振幅を x_0 とすると，$(1/2)kx_0^2 = (1/2)mv_0^2$．これより，$x_0 = v_0/\omega = v_0 T/2\pi$ が得られる．

●6.2.4●　力とポテンシャルの関係

(6.18) は

$$
\boxed{F(x) = -\frac{dU(x)}{dx}\,[\mathrm{N}]\quad（力とポテンシャルの関係）}
\tag{6.25}
$$

　[*7]　丘の斜面がなめらかな場合は，速さは丘の形にはよらず，高さの差だけによって求まるところがおもしろい．これを運動方程式から導くことは原理的にはできても，解析的には不可能である．

を意味する[8]．このように x の一価関数[9]である $U(x)$（すなわち，ポテンシャル）が存在し，力がその微分で表されることは，力が保存力であることと同値である．また，実際に観測されたり物理的にはたらくのは力であり，力は（6.25）のようにポテンシャルを微分して得られる．すなわち，ポテンシャルに定数を足しても物理は変わらない[10]．

ここで，（6.25）に負符号が付いている意味を考えよう．力の向きは，x での $U(x)$ の傾きが正なら $-x$ 方向，負なら $+x$ 方向である．図 6.4 で，物体が坂を下ろうとするのと，物体にはたらく力の向きが一致していることを確かめよう．これが，（6.25）の負符号の理由である．

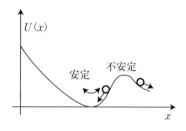

図 6.4　ポテンシャルと力の向き

$U(x)$ が下に凸の場合は，物体は往復運動をする．逆に上に凸だと，つり合いの位置（$U(x)$ の傾き ＝ 0 の点）から少しでもずれると，力は物体をさらにずらす向きにはたらき，その点は不安定なつり合いの位置となる．これは直観とも合っている．すなわち，ポテンシャルの谷底は安定なつり合いの位置，山の頂上は不安定なつり合いの位置である（図 6.4）．

問題 6.5　ボールの力学的エネルギー

初速度 v_0 で投げたボールについて，力学的エネルギー保存則を用いて次の問いに答えなさい．ただし空気抵抗は無視し，重力加速度の大きさを g とする．

（1）　地上から鉛直に投げ上げたときの，最大高さを求めなさい．

（2）　高さ h から水平に投げたときの，地上での速さを求めなさい．

（3）　地上から水平方向と角度 θ を成して投げ上げたときの，最大高さを求めなさい．

問題 6.6　エネルギー保存則を用いての解法

第 5 章のほとんどの例題や問題は，エネルギー保存則を用いて解くことができる．各自試みなさい．

6.3　仕 事 率

単位時間になされる仕事を**仕事率**（power）といい，単位は，SI 単位では W（**ワット**[11]）である．

$$1\mathrm{W} = 1\,\mathrm{J/s} = 1\,\mathrm{kg\cdot m^2/s^3} \tag{6.26}$$

（6.2）をかかった時間 Δt で割れば仕事率となり，

---

　[8]　（6.25）を x_0 から x まで積分すると，（6.18）が得られる．逆に，（6.18）を x で微分すると，（6.25）が得られる．

　[9]　関数 $f(x)$ が x の一価関数であるとは，任意の x に対して $f(x)$ の値がただ 1 つ存在するときをいう．

　[10]　この原理は，「ゲージ不変性」という対称性に拡張され，現代物理学の「標準理論」とよばれる理論の根幹の原理となっている．

　[11]　Watt, James（イギリス，1736‒1819）：蒸気機関の改良を通じて，産業革命を広めることに貢献した．

$$仕事率\ P \equiv \lim_{\Delta t \to 0} \frac{\Delta W}{\Delta t} = \boldsymbol{F} \cdot \frac{d\boldsymbol{r}}{dt} = \boldsymbol{F} \cdot \boldsymbol{v}\ [\mathrm{W}] \tag{6.27}$$

と書ける.

仕事率について，日本の誇る揚水式水力発電[*12] で計算してみよう.

例題 6.7 水力発電所の発電量

日本最大の発電量を誇る，東京電力神流川（かんながわ）発電所の最大水量は毎秒 510 t，有効落差は 653 m である．最大発電量を求めなさい．ただし，力学的エネルギーの発電への変換効率は 87% とし，重力加速度の大きさを $g = 9.8\ \mathrm{m/s^2}$ とする.

[**解**] 毎秒の水量を $\dot{m} = 510 \times 10^3\ \mathrm{kg/s}$，落差を $h = 653\ \mathrm{m}$ とすると，毎秒の力学的エネルギーは $\dot{m}gh$，これに効率 $\varepsilon = 0.87$ を掛けて，発電量 P は[*13]

$$P = \dot{m}gh\varepsilon = 510 \times 10^3 \times 9.8 \times 653 \times 0.87\ \mathrm{W} \simeq 2.8 \times 10^9\ \mathrm{W} = 2.8\,\mathrm{GW} \tag{6.28}$$

となる.

問題 6.7 クレーンのする仕事率

ビルの屋上クレーンが，1.5 t（1500 kg）の物体を一定の速度で，6 分 40 秒かかって 40 m の高さまでつり上げた．その間のクレーンの仕事率を求めなさい．ただし，重力加速度の大きさを 9.8 m/s² とする.

6.4 衝突問題と運動量保存則

この節では，2 つの質点の衝突問題について考えよう．衝突の瞬間には複雑な力がはたらくが，衝突後の運動は簡単に解析できる．そのキーワードは運動量保存則である.

例題 6.8 衝突における運動量保存則

2 つの質点の衝突の前後で，次の関係式が成り立つことを示しなさい.

$$m_1\boldsymbol{v}_1 + m_2\boldsymbol{v}_2 = m_1\boldsymbol{v}_1' + m_2\boldsymbol{v}_2'\ [\mathrm{kg \cdot m/s}] \quad （運動量保存則） \tag{6.29}$$

ここで，m_1, m_2 はそれぞれの質量，$\boldsymbol{v}_1$, $\boldsymbol{v}_2$ は衝突直前のそれぞれの速度，$\boldsymbol{v}_1'$, $\boldsymbol{v}_2'$ は衝突直後のそれぞれの速度であり，それぞれの質点にはたらく外からの力（合力）はゼロとする.

[**解**] 衝突時のそれぞれの運動方程式を書こう．時刻 t での質点の位置をそれぞれ $\boldsymbol{r}_1$, $\boldsymbol{r}_2$ として，

----

*12 揚水式水力発電所とは，夜間などの余った電力で水を汲み上げておいて，必要なときに発電する水力発電所である．すなわち，揚水式発電所は蓄電池のようなはたらきをする．そのエネルギー変換効率は 90% 近いので，電力の有効利用ができる．火力や原子力発電所は，いったん運転すると止めるのは効率が悪く，また，このような利用の仕方はできない．揚水式で蓄電できることが，水力発電所の長所の 1 つといえる.

*13 $\dot{m}$ は単なる記号であり，質量 m と「毎秒の質量」を区別するためであることに注意.

$$m_1 \frac{d^2 \boldsymbol{r}_1}{dt^2} = \boldsymbol{F}_{1 \leftarrow 2} \,[\mathrm{N}] \left.\vphantom{\frac{d^2 \boldsymbol{r}_1}{dt^2}}\right\}$$
$$m_2 \frac{d^2 \boldsymbol{r}_2}{dt^2} = \boldsymbol{F}_{2 \leftarrow 1} \,[\mathrm{N}]$$

\hfill (6.30)

となる．$\boldsymbol{F}_{1 \leftarrow 2}$ は質点 2 が質点 1 に及ぼす力，$\boldsymbol{F}_{2 \leftarrow 1}$ はその逆である．作用・反作用の法則により，その和はゼロであるから，(6.30) を辺々足して，

$$\frac{d^2 (m_1 \boldsymbol{r}_1 + m_2 \boldsymbol{r}_2)}{dt^2} = 0 \quad \text{すなわち，} \quad \frac{d(m_1 \dot{\boldsymbol{r}}_1 + m_2 \dot{\boldsymbol{r}}_2)}{dt} = 0 \tag{6.31}$$

となる．

$\dot{\boldsymbol{r}}$ は速度であり，$m\dot{\boldsymbol{r}}$ は運動量であるから，運動量の和はいつも一定である．衝突前の運動量の和は $m_1 \boldsymbol{v}_1 + m_2 \boldsymbol{v}_2$，衝突後の運動量の和は $m_1 \boldsymbol{v}_1' + m_2 \boldsymbol{v}_2'$ で，これらは等しいから，(6.29) が導かれる．

- -

反発係数（はね返り係数）

物体が，固定された面に垂直に衝突したときを考えよう．衝突前後の速さを v, v' とするとき，

$$e = \frac{\text{衝突後の速さ}}{\text{衝突前の速さ}} = \frac{v'}{v} \quad (0 \leq e \leq 1) \tag{6.32}$$

を**反発係数**（coefficient of restitution）（**はね返り係数**）という．これはもちろん無次元の量である．$e = 1$ のときを**弾性衝突**（elastic collision），$e < 1$ のときを**非弾性衝突**（inelastic collision）という．弾性衝突では力学的エネルギーが保存され，非弾性衝突では一部のエネルギーは熱などに変換されて運動エネルギーは減少する．$e = 0$ のときを**完全非弾性衝突**といい，物体がすべての運動エネルギーを失って静止してしまう場合である．

これを 2 体問題（2 つの物体の運動の問題）に拡張しよう．同じ直線上をそれぞれ速度 v_1, v_2 で走る 2 つの物体が衝突して，速度がそれぞれ v_1', v_2' になったとき，反発係数 e は，

$$e = -\frac{\text{衝突後の相対速度}}{\text{衝突前の相対速度}} = -\frac{v_1' - v_2'}{v_1 - v_2} \quad \text{（反発係数の定義式）} \tag{6.33}$$

と定義される．すなわち，反発係数 e は，相対速度の比に負符号をつけたものである．2 体問題における完全非弾性衝突では，衝突後，2 つの物体が合体して運動する．

ここで，1 次元の運動でのベクトル表記について注意を喚起しておく．速度は，例えば v と表記してスカラー量と区別がつかないが，ベクトル量には大きさに加えて向きがあるので，v が負のときは逆方向に動いている．

- -

例題 6.9   **弾性衝突では $e = 1$ であることの証明**

直線上の弾性衝突では，(6.33) で $e = 1$ であることを示しなさい．

[解]   2 つの物体の質量をそれぞれ m_1, m_2 とすると，運動量保存則により

$$m_1 v_1 + m_2 v_2 = m_1 v_1' + m_2 v_2' \,[\mathrm{kg \cdot m/s}] \tag{6.34}$$

となる．弾性衝突だから力学的エネルギー保存則が成り立ち，2 つの物体の高さが同じとすれ

ば，運動エネルギーの和が一定となる．すなわち，

$$\frac{1}{2}m_1v_1^2 + \frac{1}{2}m_2v_2^2 = \frac{1}{2}m_1v_1'^2 + \frac{1}{2}m_2v_2'^2 \,[\text{J}] \tag{6.35}$$

である．(6.34) を整理して

$$m_1(v_1 - v_1') = m_2(v_2' - v_2) \,[\text{kg·m/s}] \tag{6.36}$$

が得られ，(6.35) を整理して次式が得られる．

$$m_1(v_1^2 - v_1'^2) = m_2(v_2'^2 - v_2^2) \,[\text{J}] \tag{6.37}$$

$v_1 - v_1' = v_2 - v_2' = 0$ のときは，衝突せずに素通りしたことを意味するので除外し，(6.37) を (6.36) で辺々割ると

$$v_1 + v_1' = v_2' + v_2 \,[\text{m/s}] \tag{6.38}$$

となり，整理すると

$$v_1 - v_2 = v_2' - v_1' \,[\text{m/s}] \tag{6.39}$$

である．よって，$e = 1$ であることが導けた．

例題 6.10 ビリヤードの球の正面衝突

静止しているビリヤードの球に別の球が正面衝突すると，静止していた球は同じ速度で動き出し，衝突した球が静止することを示しなさい．ただし球の回転は考えず，衝突は弾性衝突とする．

[解] 質量を m，衝突した球の初速度を v_0，衝突後のそれぞれの速度を v_1, v_2 とすると，運動量保存則より以下のようになる．

$$mv_0 = mv_1 + mv_2 \,[\text{kg·m/s}], \text{ すなわち, } v_0 = v_1 + v_2 \,[\text{m/s}] \tag{6.40}$$

$$反発係数 \ e = \frac{v_2 - v_1}{v_0} = 1 \ より \ v_2 = v_1 + v_0 \,[\text{m/s}] \tag{6.41}$$

これらより，$v_1 = 0, v_2 = v_0$，すなわち衝突した球は静止し，衝突された球は衝突した球と同じ速度で動き出すことがわかる．

問題 6.8 直線上の衝突

水平な直線上を質量 m_1 の物体が速度 v_1 で，静止している質量 m_2 の物体に衝突した．次の問いに答えなさい．

（1）弾性衝突の場合に，衝突後のそれぞれの速度を求めなさい．

（2）2つの物体がくっついて一緒に運動する場合に，衝突後の速度を求めなさい．

（3）反発係数が e の場合の，衝突後のそれぞれの速度を求め，（1）と（2）が，各々 $e = 1$，$e = 0$ の場合に対応していることを確かめなさい．

問題 6.9 床に落としたボール

反発係数が 0.7 のとき，床に落としたボールは，始めの高さの何倍まで上がるか．

・・・

例題 6.11 ビリヤードの球の斜め衝突

静止しているビリヤードの球に，別の球が斜め衝突すると，2つの球は互いに 90° の角度を成して進むことを示しなさい（図 6.5）．ただし，球は回転していないとし，また，衝突は弾性衝突とする．

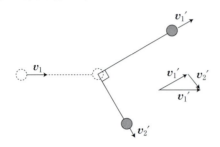

図 6.5 ビリヤードの斜め衝突

[解] 質量を m，衝突前の速度を $\boldsymbol{v}_1$ と 0，衝突後の速度を $\boldsymbol{v}_1'$，$\boldsymbol{v}_2'$ とすると，運動量保存則より

$$m\boldsymbol{v}_1 = m\boldsymbol{v}_1' + m\boldsymbol{v}_2' \ [\mathrm{kg \cdot m/s}], \quad \text{すなわち，} \quad \boldsymbol{v}_1 = \boldsymbol{v}_1' + \boldsymbol{v}_2' \ [\mathrm{m/s}] \tag{6.42}$$

が成り立つ．また，エネルギー保存則より

$$\frac{1}{2}mv_1^2 = \frac{1}{2}mv_1'^2 + \frac{1}{2}mv_2'^2 \ [\mathrm{J}], \quad \text{すなわち，} \quad v_1^2 = v_1'^2 + v_2'^2 \ [\mathrm{m^2/s^2}] \tag{6.43}$$

である．(6.42) からベクトル $\boldsymbol{v}_1'$，$\boldsymbol{v}_2'$，$\boldsymbol{v}_1$ は三角形を成し，(6.43) から，$\boldsymbol{v}_1'$ と $\boldsymbol{v}_2'$ の成す角が直角であることがわかる．（この事実も，おはじきやカーリングなどでの斜め衝突でよく見られる．例えば，カーリング競技者は，長年の経験によりこのことを知っていて，ストーンを衝突させていると思われる．）

・・・

問題 6.10 2つのボールの落下

重いボールの真上に軽いボールを（少しすき間を空けて）重ね，落下させてみよう（図 6.6）．床に落下後，軽いボールが高く弾むのに驚くであろう．理想的な場合には，軽いボールは最初の高さの何倍まで上がるだろうか．理想的とは，すべての衝突が弾性衝突で，軽いボールは重いボールに比べて質量が十分小さい場合である．また，最初の高さに比べて，ボールの半径は十分小さいとする．

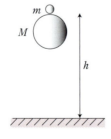

図 6.6 2つのボールの落下

次の例は，弾丸の速度をはかる1つの方法である．

・・

例題 6.12　　**非弾性衝突の例**

つるされた質量 M の木片に，質量 m の弾丸が水平に撃ち込まれた．弾丸は木片内部で止まり，木片は始めの位置から高さ h まで上がった（図 6.7）．弾丸の速度を求めなさい．また，熱などとして失われたエネルギーはどのくらいか．ただし，重力加速度の大きさを g とする．

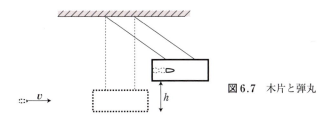

図 6.7　木片と弾丸

[**解**]　弾丸の速度を v，衝突直後の「木片 + 弾丸」の速度を V とする（弾丸の進行方向を正とする）．衝突直前と直後の運動量保存則から

$$mv = (M + m)V \,[\text{kg·m/s}] \quad \text{より，} \quad v = \frac{M + m}{m}V \,[\text{m/s}] \tag{6.44}$$

と書け，衝突後の力学的エネルギー保存則から，

$$\frac{1}{2}(M + m)V^2 = (M + m)gh \,[\text{J}] \quad \text{より，} \quad V = \sqrt{2gh} \,[\text{m/s}] \tag{6.45}$$

が得られる．(6.44) と (6.45) より，次式を得る．

$$v = \frac{M + m}{m}\sqrt{2gh} \,[\text{m/s}] \tag{6.46}$$

衝突前後のエネルギーの差（失われたエネルギー）は

$$\frac{1}{2}mv^2 - (m + M)gh = \frac{1}{2}m \cdot \frac{(M + m)^2}{m^2} \cdot 2gh - (m + M)gh$$

$$= (M + m)gh\left(\frac{M + m}{m} - 1\right) = \frac{M(M + m)}{m}gh \,[\text{J}] \tag{6.47}$$

となる．失われたエネルギーは，弾丸が木片に穴を空け，摩擦力によって止まるのに使われた．その大半は熱エネルギーに変わる．

・・

問題 6.11　　**弾丸の速さの実際の値**

例題 6.12 において，弾丸の質量を 9.0 g，木片の質量を 1.5 kg，上がった高さが 10 cm のとき，弾丸の初速度を求めなさい．ただし，重力加速度の大きさを 9.8 m/s² とする．

第7章
大きさのある物体の静力学

学習目標
- 大きさのある物体が静止している条件として，力のつり合いの他に，力のモーメントのつり合いが必要であることを理解し，実際の問題で活用できるようになる.
- 物体の変形について理解を深め，ヤング率などの問題が解ける.

キーワード
力の作用点，力の作用線，偶力，力のモーメント，てこの原理，応力，ひずみ，ヤング率（E [Pa]），剛性率（G [Pa]）

これまで，物体の大きさを無視してきた．この章では，大きさのある物体が静止している条件について考える．物体が静止しているとき，力の和（合力）がゼロであるという条件を考えてきた．大きさのある物体ではそれだけでは不十分で，物体が回転していない条件がさらに必要である．その条件について学ぼう．最後に，力による物体の変形についても考えよう.

7.1 力の作用点と力のモーメント

大きさのある物体が回転もしていない条件として，「物体にはたらく力の和がゼロ」だけでは不十分である．物体が有限の大きさの場合，力の向きや大きさだけでなく，どの点にはたらくのか，すなわち，力の**作用点**（または力点，point of action）も重要になる．重力の作用点は，**重心**（center of gravity）としてよい.

例えば，物体に2つの力 F_1, F_2（$F_1 + F_2 = 0$）がはたらくとしよう．物体にはたらく正味の力はゼロなので，質点の場合の静止条件は満足している．しかし図7.1のように，2つの力の作用点が異なり，同一線上にない場合，物体は回転してしまう．このような2つの力を**偶力**（couple of forces）という．作用点を含み，力の方向に引いた線を**作用線**（line of action）という．すなわち偶力とは，互いに逆向きで大きさが等しく，作用線が重ならない2つの力のことをいう.

物体を回そうとする作用を，**力のモーメント**（moment

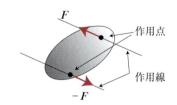

図7.1 偶力

of force）または**トルク**（torque）という．ある点の周りの力のモーメントは，次のように定義される．

> 力のモーメント ＝ 力の大きさ × ある点からの力の作用線までの垂直距離 [N·m]

（7.1）

単位は，「力 × 距離」なので，エネルギーの単位 J と同じである．しかしながら，力のモーメントはエネルギーではないので，単位 N·m をそのまま使う．

　平面上で考えよう．例えば，図 7.1 の偶力は反時計回り（左回り）に回そうとする．すなわち回転方向には，反時計回りと時計回りの 2 つがある．本書では，便宜上，反時計回りに回そうとする力のモーメントを正，時計回りのそれは負というように符号を付ける（逆でもよい）．大きさのある物体が静止しているために新たに付け加わる条件は，

> 任意の点の周りの力のモーメントの和 ＝ 0，つまり，左回りの力のモーメント ＝ 右回りの力のモーメント [N·m]

（7.2）

となる．

問題 7.1　偶力のモーメント

　任意の点の周りの偶力のモーメントは，選ぶ点によらず，

$$偶力のモーメント ＝ 力の大きさ × 2 つの力の作用線間の垂直距離 [N·m]$$ （7.3）

となることを確かめなさい．

●**数学的事項：ベクトルの外積（ベクトル積）**

　任意のベクトル **A** と **B** の**外積**（outer product，または**ベクトル積**（vector product））はベクトル量であり，次のように定義される．

$$\boldsymbol{A} \times \boldsymbol{B} = - \boldsymbol{B} \times \boldsymbol{A} = (A_y B_z - A_z B_y,\, A_z B_x - A_x B_z,\, A_x B_y - A_y B_x)$$ （7.4）

A と **B** の成す角を θ とすると（図 7.2），**A** × **B** の大きさは

$$|\boldsymbol{A} \times \boldsymbol{B}| = AB \sin \theta$$ （7.5）

（**A** と **B** がつくる平行四辺形の面積）であり，その向きは **A**，**B** のつくる平面に垂直で，**A** から **B** の，角度の小さい向きに回したときの，右ねじの進む方向である．

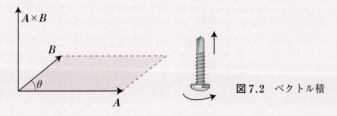

図 7.2　ベクトル積

問題7.2　外積とベクトル間の角度の関係

（7.4）の定義から（7.5）を導きなさい.

問題7.3　外積の時間微分

$$\frac{d(\boldsymbol{A} \times \boldsymbol{B})}{dt} = \frac{d\boldsymbol{A}}{dt} \times \boldsymbol{B} + \boldsymbol{A} \times \frac{d\boldsymbol{B}}{dt} \tag{7.6}$$

を示しなさい.

　ゼロでない任意のベクトル $\boldsymbol{A}$, $\boldsymbol{B}$ が平行である必要十分条件は,

$$\boldsymbol{A} \times \boldsymbol{B} = 0 \tag{7.7}$$

である. これは,（7.5）で, $\boldsymbol{A}$, $\boldsymbol{B}$ が平行であれば $\theta = 0$ であるし, 逆も成り立つことからわかる.

● 発展的事項：回転の運動方程式

　力のモーメントは, なぜ（7.1）のように定義されるのだろうか. ここでは, 運動方程式から, そのような定義が導かれることを見よう. 運動方程式（3.2）の両辺に左から $\boldsymbol{r}$ の外積を作用させると

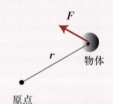

図7.3　回転の
運動方程式

$$\boldsymbol{r} \times \frac{d(m\boldsymbol{v})}{dt} = \boldsymbol{r} \times \boldsymbol{F} \,[\mathrm{N \cdot m}] \tag{7.8}$$

となる（図7.3）.

　ここで**角運動量**（angular momentum）ベクトル $\boldsymbol{L}$ を, 次のように定義する.

$$\boldsymbol{L} \equiv \boldsymbol{r} \times (m\boldsymbol{v}) \,[\mathrm{J \cdot s}] \tag{7.9}$$

角運動量ベクトルは, 位置ベクトルと運動量ベクトルとの外積で, その大きさは「回転の勢い」を, その向きは回転の向きを示している.（7.9）を時間微分すると,（7.6）を用い, $d\boldsymbol{r}/dt = \boldsymbol{v}$ に注意して,

$$\frac{d\boldsymbol{L}}{dt} = \boldsymbol{v} \times m\boldsymbol{v} + \boldsymbol{r} \times \frac{d(m\boldsymbol{v})}{dt} \,[\mathrm{J}] \tag{7.10}$$

となる. 右辺第1項は, $\boldsymbol{v}$ と $m\boldsymbol{v}$ が平行なのでゼロ, すなわち（7.8）は,

$$\frac{d\boldsymbol{L}}{dt} = \boldsymbol{M} \equiv \boldsymbol{r} \times \boldsymbol{F} \,[\mathrm{J}] \quad \text{（回転の運動方程式）} \tag{7.11}$$

と書ける.（7.11）は, $\boldsymbol{M}$ が原因で, 回転の勢いを表す角運動量ベクトルが時間変化することを表している. $\boldsymbol{M} \equiv \boldsymbol{r} \times \boldsymbol{F}$ は, 原点の周りに物体を回そうとする力のモーメントベクトルであり, その大きさは, 言葉で書くと（7.1）のようになる[1].

　（7.11）によれば, 力のモーメント $\boldsymbol{M}$ がゼロのとき, 角運動量の時間変化はゼロ, す

---

[1]　向きは, 回転によって右ねじが進む方向である. すなわち, 厳密には力のモーメントはベクトルであり, 本書では, 力のモーメントの符号を, 回転の向きが紙面に対し表向きの場合を正, 裏向きの場合を負としている.

なわち，**角運動量保存則**（conservation of angular momentum）が成り立つ．$M = 0$ となるのは，力がゼロ，または，力までの垂直距離がゼロ（中心力）の場合である．このとき，回転の向きも一定である．飛行機などの方向を正確に把握するための装置，ジャイロスコープ（gyroscope）は，この原理を利用している．

7.2 大きさのある物体の静止条件

大きさのある物体の静止条件を，実際の場合に当てはめてみよう．

- -

例題 7.1 シーソー

遊園地のシーソーで，小さな子供と大きな子供が仲よく遊んでいる．小さな子供がシーソーの端に座ったとき，体重が 3 倍の大きな子供は，シーソーの支点（支える点）からどの位置に座ればシーソーはつり合うか．

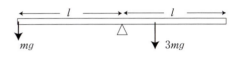

図 7.4 シーソー

[解] 図 7.4 のように，支点から端までの距離を l，小さな子供の体重を m，大きな子供の支点からの距離を x とすると，(7.2) の条件で，支点（支えている点）の周りの力のモーメントのつり合いの式は，$m \times l - 3m \times x = 0$ となる．したがって，$x = l/3$ と求まり，支点から $1/3$ の位置に座ればよい．

- -

(7.2) の条件は，任意の点の周りについて成り立つといっている．すなわち，例題 7.1 において力のモーメントを計算する際，支点の周りでなくてもよい．

- -

例題 7.2 物体が倒れない条件

底面が正方形（1 辺の長さが b）で高さ h の一様な直方体がある．この直方体を水平で粗い床面に，底面の 1 辺を床につけて傾けて置く（図 7.5）．底面と床面との成す角度を θ とするとき，直方体が前に倒れないための条件を求めなさい．

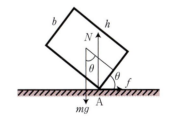

図 7.5 傾いた直方体

[解] 直方体にはたらく力は，重力，床からの垂直抗力，摩擦力の 3 つである．しかし，重力以外の力は支点（支線，図 7.5 の点 A）を作用点としてはたらくので，点 A の周りの力のモーメントを考えるとゼロとなる．したがって，点 A の周りの力のモーメントの寄与は重力のみとなり，重心を通る鉛直線が支点より前を通るとき，前に倒れる．それより後にあると，直立に戻ろうと

して倒れない.

したがって,倒れない条件は $(b/2) \geq (h/2)\tan\theta$ であり,整理すると

$$\tan\theta \leq \frac{b}{h} \tag{7.12}$$

と求まる.

・・・

例題7.3　**立てかけられた棒のつり合い**

　水平な床と垂直な壁があり,まっすぐで一様な長さ l の細い棒が立てかけられている（図7.6）.棒が床面と成す角度を θ とするとき,次の問いに答えなさい.

　（1）　壁がなめらかで,床との静止摩擦係数が μ_{f} のとき,棒がすべらない最小の角度（ただし,$\theta > 0$）を求めなさい.

　（2）　床がなめらかで,壁の静止摩擦係数が μ_{w} のときはどうか.

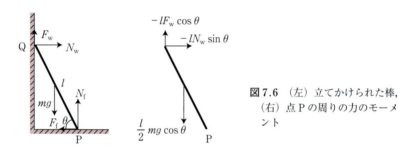

図7.6　（左）立てかけられた棒,（右）点 P の周りの力のモーメント

[**解**]　棒の長さを l,質量を m,床,および壁からの垂直抗力を N_{f}, N_{w},摩擦力を F_{f}, F_{w},重力加速度の大きさを g とする.また,棒が床と壁に接する点をそれぞれ P,Q とする.力のつり合いから

$$N_{\mathrm{f}} + F_{\mathrm{w}} - mg = 0, \ N_{\mathrm{w}} - F_{\mathrm{f}} = 0 \, [\mathrm{N}] \tag{7.13}$$

が成り立つ.これをもとに,各問いの答えは以下のようになる.

　（1）　壁はなめらかなので,$F_{\mathrm{w}} = 0$ である.床との摩擦力が最大のとき $F_{\mathrm{f}} = \mu_{\mathrm{f}} N_{\mathrm{f}}$ なので,鉛直および水平方向の力のつり合いは,(7.13) より

$$N_{\mathrm{f}} - mg = 0, \ N_{\mathrm{w}} = \mu_{\mathrm{f}} N_{\mathrm{f}} = \mu_{\mathrm{f}} mg \, [\mathrm{N}] \tag{7.14}$$

点 P の周りの力のモーメントは,図7.6右のようになる.すなわち,壁からの摩擦力はゼロ（$F_{\mathrm{w}} = 0$）,壁からの垂直抗力のモーメントは時計回りで $-lN_{\mathrm{w}}\sin\theta$,重力のモーメントは反時計回りで $(l/2)mg\cos\theta$ である.結局,点 P の周りの力のモーメントのつり合いは,

$$\frac{l}{2}mg\cos\theta - l\mu_{\mathrm{f}}mg\sin\theta = 0 \, [\mathrm{N \cdot m}] \tag{7.15}$$

となり,

$$\tan\theta = \frac{1}{2\mu_{\mathrm{f}}} \tag{7.16}$$

を得る.(7.16) を満たす θ を $\theta = \tan^{-1}(1/2\mu_{\mathrm{f}})$ と書く.

（2）床がなめらかなので $F_{\mathrm{f}} = 0$，したがって（7.13）より $N_{\mathrm{w}} = 0$．すなわち，壁からの垂直抗力はゼロとなり，壁からの摩擦力もゼロになる（(4.3) 参照）．点 P の周りの力のモーメントを考えると，図7.6右の図で重力のモーメントだけとなるので，$0 < \theta < \pi/2$ のときはすべってしまう．したがって答えは，$\theta = 0$ のときとなる（$\theta = \pi/2$ もつり合うが，最小の角度が求められている）．

問題7.4 階段と荷物

図7.7のように，二人で荷物の前と後ろをもって階段を登るとき，上の人と下の人のどちらが楽だろうか．簡単のため，荷物を直方体の一様な箱として考えなさい．

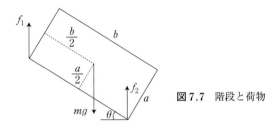

図7.7 階段と荷物

てこの原理

てこの原理（principle of lever）を用いれば，小さな力で大きな力を生み出すことができる．しかしその場合，仕事としては得をしないことを見よう．

例題7.4 てこ

軽い棒を用いて物体を持ち上げる．支点から l_1 の距離にある質量 m の物体を，支点からの距離 l_2 の点に力を加えて持ち上げたい（図7.8）．必要な力を求めなさい．また，物体を高さ h_1 だけ上げるとき，手で押した距離 h_2 を求めなさい．このことから，手がした仕事は物体がされた仕事と等しいこと，したがって，エネルギー的には得をしないことを示しなさい．

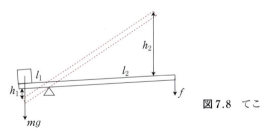

図7.8 てこ

[解] 加えた力を f，重力加速度の大きさを g とすると，支点の周りの力のモーメントのつり合いから，

$$mgl_1 - fl_2 = 0 \ [\mathrm{N\cdot m}], \quad \text{すなわち} \quad f = \frac{mgl_1}{l_2} \ [\mathrm{N}] \tag{7.17}$$

となる．もし $l_2 = 10l_1$ なら，$1/10$ の力で済む．

手で押した距離を h_2 とすると，三角形の相似により

$$h_1 : l_1 = h_2 : l_2, \ \text{すなわち} \ \ h_2 = \frac{h_1 l_2}{l_1} \ [\mathrm{m}] \tag{7.18}$$

と求まる．次に，手がした仕事について考えよう．

$$\text{手がした仕事} = f h_2 = \frac{mgl_1}{l_2} \cdot \frac{h_1 l_2}{l_1} = mgh_1 = \text{物体がされた仕事} \ [\mathrm{J}] \tag{7.19}$$

となる．すなわち，手がした仕事は，l_1 と l_2 の比によらず，物体が重力に逆らってした仕事と等しく，エネルギー的には得をしていない．

- -

7.3　物体の変形

　物体は静止していても，力がはたらいていれば変形している．力が十分小さいときは，変形度（ひずみ）は力に比例する（フックの法則）．ばねの伸びが力に比例することを思い起こそう．力がとり除かれるともとに戻る（**弾性**（elasticity））．力が強いと，力がとり除かれても変形が残る（**塑性変形**（plastic deformation））．さらに力が強いと壊れてしまう．

●7.3.1●　応　力

　力は面を介してはたらく．力が微小面積にはたらくとき，**応力**（stress）または応力度（stress intensity）を

$$\boxed{\ \text{応力} = \frac{\text{微小な面にはたらく力}}{\text{微小面積}} \ [\mathrm{Pa}]\ } \tag{7.20}$$

と定義する．単位は，SI 単位では N/m²，すなわち Pa（**パスカル**[*2]）である．力には向きがある．力を分解して，面に垂直にはたらく応力を垂直応力（normal stress）または**圧力**（pressure），面に平行にはたらく力を**せん断応力**（shear stress）という（図 7.9）．

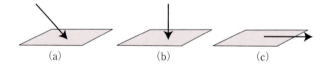

(a)　　　　　　　　(b)　　　　　　　　(c)

図 7.9　(a) 応力，(b) 圧力，(c) せん断応力

●7.3.2●　応力 - ひずみ曲線

　単位長さ当りの伸び（無次元量）を**ひずみ**（strain）という．引張り力のときは引張りひずみ（tensile strain），圧縮力のときは圧縮ひずみ（compression strain）という．軸方向のひずみの場合，**縦ひずみ**（longitudinal strain），せん断応力に対してのひずみは，**せん断ひずみ**（shearing strain）という（図 7.10）．

---

　*2　Pascal, Blaise（フランス，1623 - 1662）：アリストテレス自然学に対抗する実証的科学の先駆者．真空の存在についても人々を啓蒙した．

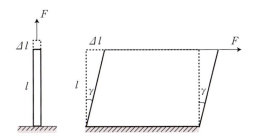

図 **7.10**　（左）引張りひずみと
（右）せん断ひずみ

　応力を縦軸に，ひずみを横軸にとった図が**応力 - ひずみ曲線**（stress - strain curve）で，例えば，図 7.11 のようになる．OP 部分は直線で，点 P（比例限度）までは**フックの法則**（Hooke's law）が成り立つ.

$$\text{応力} = \text{比例係数} \times \text{ひずみ} \ [\text{Pa}] \quad（\text{フックの法則}） \tag{7.21}$$

点 E は**弾性限度**（elastic limit）で，力がゼロになるともとに戻る．点 C は**降伏点**（yield point）とよばれ，その点を過ぎると，ひずみは応力にほとんどよらずに大きくなる．そして，最後は破断に至る.

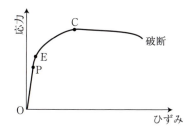

図 **7.11**　応力 - ひずみ曲線

　破断に至る前に応力を減じても，この曲線を逆戻りすることはなく，別の曲線を描く．このような現象を**ヒステリシス**（hysterisis）とよぶ.

●7.3.3● ヤング率と剛性率

　まず，棒の軸方向に力が作用する場合を考えよう．引張り（tension）力がはたらくと棒は伸びるし，圧縮力（compression）がはたらくと棒は縮む．縮みを負の伸びと考える.

　断面積 A，長さ l の一様な棒の軸方向に力 F を加えたときの伸びを Δl とするとき，比例限度までは（7.21）より，

$$\frac{F}{A} = E \frac{\Delta l}{l} \ [\text{Pa}] \tag{7.22}$$

のように書ける．比例係数 E を**ヤング**[*3]**率**（Young's modulus）または**縦弾性率**（modulus of longitudinal elasticity）という．単位は応力と同じく Pa である．すなわち，

---

　*3　Young, Thomous（イギリス，1773 - 1829）：医師，考古学者としても活躍．ヤング率や光の干渉実験などでも有名．見事な実験結果にもかかわらず，光の波動説はなかなか受け入れられず，物理の世界に嫌気がさして考古学に転じ，ロゼッタ石の解読などでも業績を残した.

$$\text{ヤング率} = \frac{\text{引張り応力}}{\text{引張りひずみ}} \, [\text{Pa}] \qquad (7.23)$$

と書ける. このように定義すると, ヤング率は形状によらず, 物質固有の量となる.

問題7.5　**ヤング率とばね定数との関係**

断面積 A, 長さ l の針金のばね定数が k であるとき, ヤング率を求めなさい.

力 F が, 軸方向ではなく, 面 (面積 A) に平行にはたらくとき, 図7.10右のようにゆがむ. このゆがみの角度を $\gamma \simeq \varDelta l/l$ とするとき, 比例限度内では

$$\frac{F}{A} = G\gamma \, [\text{Pa}] \qquad (7.24)$$

と書ける. 比例係数 G は**剛性率** (modulus of rigidity), または, ずれ弾性率, または, **横弾性率** (modulus of transverse elasticity) とよばれる. 単位は応力と同じく Pa である. すなわち, 以下のようになる.

$$\text{剛性率} = \frac{\text{せん断応力}}{\text{せん断ひずみ}} \, [\text{Pa}] \qquad (7.25)$$

表7.1に主な金属材料の物性, および, 機械的強度を示す.

表7.1　主な金属材料の物性, および, 機械的強度 (国立天文台 編:「理科年表 平成29年版」(丸善出版, 2017年) による)

材料 (単位)	密度 (g/cm^3)	ヤング率 (GPa)	剛性率 (GPa)	降伏強さ (MPa)	引張り強さ (MPa)
工業用純鉄	7.9	205	81	98	196
高張力鋼	—	203	73	834	865
ニッケル	8.9	204	81	58	335
工業用アルミニウム	2.7	69	27	15	55
超々ジュラルミン	2.8	72	28	505	573
工業用チタン	4.6	106	45	170	320

例題7.5　**棒の伸び**

図7.12のように, 長さと直径がそれぞれ l_1, d_1 と l_2, d_2 の2つの軽い棒を継ぎ合わせたものに, 質量 m のおもりを付けた. 棒のヤング率を E とするとき, 棒の伸びの合

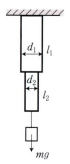

図7.12　棒の伸び

計を求めなさい. ただし, 重力加速度の大きさを g とする.

[**解**] それぞれに同じ力 mg がかかるから, (7.22) より

$$\Delta l = \frac{mg}{E}\left(\frac{l_1}{\pi d_1{}^2/4} + \frac{l_2}{\pi d_2{}^2/4}\right) = \frac{4mg}{\pi E}\left(\frac{l_1}{d_1{}^2} + \frac{l_2}{d_2{}^2}\right) [\mathrm{m}] \tag{7.26}$$

となる.

第8章 波　動

学習目標
- 波の周期，振動数，波長，速さの関係を理解する．
- 正弦波を式で表すことができるようになる．
- 波の重ね合わせの原理や，反射の原理を理解する．
- 入射波と反射波の重ね合わせで発生する定常波を理解する．
- ホイヘンスの原理を用いて，波の屈折や回折を説明できるようになる．
- 音と光について，波としての性質を理解する．

キーワード
横波，縦波，周期（T [s]），振動数（ν または f [Hz] $=$ [s^{-1}]），波長（λ [m]），速さ（v [m/s]），正弦波，重ね合わせの原理，合成波，反射波，定常波，ホイヘンスの原理，波面，屈折，回折，干渉，音波，光

　視覚は光，聴覚は音を利用していて，ヒトは，外界からの大部分の情報をそれらに頼っている．また，携帯電話を例に挙げるまでもなく，現代文明は電磁波などの活用の上に成り立っている．波を理解することは，それらを最大限活用するために必要不可欠である．さらに，半導体技術などの根底にある量子力学の理解には，日常の波動の理解が欠かせない．この章では，波動について基本的なことがらを学ぼう．

8.1　横波と縦波

　波の発生源を**波源**（wave source），波を伝える物質を**媒質**（medium），波の形を**波形**（waveform）という．波が伝わる速さを単に**波の速さ**（speed of wave）というが，これは「媒質が動く速さ」のことではない．波形のある部分（例えば山の頂点）が次々に「媒質を伝わっていく速さ」である．

　図 8.1 のロープを伝わる波のように，波の伝わる方向に対して垂直に媒質が動く場合は，**横波**（transverse wave）とよばれる．これに対して，図 8.2 のばねを伝わる波のように，波の伝わる方向と平行に媒質が動く場合は，**縦波**（lon-

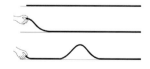

図 8.1　ロープを伝わる波

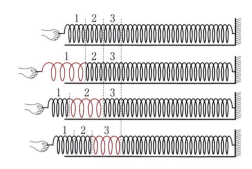

図8.2 ばねを伝わる縦波

gitudinal wave）とよばれる．縦波は媒質の疎密な状態が伝わる波なので**疎密波**（compression wave）ともよばれる．空気中（や液体中）を伝わる音波も，媒質が圧縮・膨脹する方向に伝わるので縦波である．

　横波にしろ縦波にしろ，波が伝わるには，媒質がもとの位置に戻るための**復元力**が必要である．縦波における媒質の圧縮と膨脹は，媒質をもとの位置に戻す復元力になる．空気のような気体中だけでなく，液体中でも固体中でも媒質の圧縮と膨脹は生じるので，縦波はそれらの内部を伝わる．これに対し，横波の場合は，媒質の横ずれを，もとの位置に戻す復元力が必要になる．そのような復元力が媒質内部で生じるのは，固体だけである．したがって，横波は固体中しか伝わらない（電磁波は例外）．

8.2　波の特徴を表す量

　これまでのロープとばねを伝わる波の例では，波源の 1 回の動きが，単独の波として伝わる**パルス波**（pulse）であった．波源が振動をすれば，**連続波**（continuous wave）になる．ここでは，波源が規則正しく振動する場合の連続波の特徴を，横波を例にとって考える．

振幅

　例えば，図 8.3 のようにロープを伝わる横波がある．ロープ上の黒丸が波の**山**（top）の頂点に達したとき，もともとの位置（波が無い状態）から A だけ変位していたとする．この A

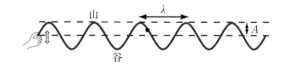

図8.3 ロープを伝わる波を観察しよう．

を**振幅**（amplitude）という．これは，波の山から**谷**（bottom）までの幅（天気予報では波の高さ，波高といわれる）ではない．振幅は長さを表す量で，SI 単位では ［m］である．

周期と振動数

　黒丸が，1 往復の上下振動をするのにかかる時間 T は，波の**周期**（period）とよばれる．周期とは，繰り返し運動をしている媒質が，もとの状態（位置）に戻るまでにかかる時間である．周期は時間を表す量で，SI 単位では ［s］である．

例題 8.1   波の振動回数

周期 T の波について，単位時間当りの振動の回数を求めなさい．

[解]   1 回振動するのに，時間 T だけかかるのだから，単位時間当りに $1/T$ 回だけ上下する[*1]．単位時間当りの波の振動回数

$$\nu = \frac{1}{T} \; [\mathrm{s^{-1}}] \tag{8.1}$$

を**振動数**（frequency）という．振動数としては f を使うこともある（frequency の頭文字）．また，振動数の単位は，SI 単位では 1 秒間の回数なので $[\mathrm{s^{-1}}]$ であるが，$[\mathrm{Hz}]$（ヘルツ）も使われる．つまり，$[\mathrm{Hz}] = [\mathrm{s^{-1}}]$ である．上に挙げた (8.1) は，ν と T の意味を考えて導いたが，何度か導くと，「周期と振動数は逆数の関係にある」ことを覚えてしまうだろう．

問題 8.1   ロープを伝わる波の周期と振動数

波が伝わるロープ上のある 1 点が，上下に 10 往復の振動をする時間をはかったところ，25 s であった．この波の周期と振動数を求めなさい．

波長

図 8.3 の山から山までの距離（谷から谷までの距離でも同じ）λ は，波の**波長**（wavelength）とよばれる．波長は長さを表す量で，SI 単位では $[\mathrm{m}]$ である．

速さ

波の波長 λ と周期 T がわかると，波が伝わる速さ v がわかる．距離 ΔL だけ離れた 2 点の媒質間を，時間 Δt で山の頂点（谷でもよい）が伝わる場合，波の伝わる速さは $v = \Delta L / \Delta t$ である．このとき，媒質上の 2 箇所はどこを選んでもよい．

例題 8.2   波の伝わる速さ

波の伝わる速さ v を，波の波長 λ と周期 T を用いて表しなさい．

[解]   ロープ上の，隣り合った山の頂点間の距離 ΔL は波長 λ，その距離を波が伝わる時間 Δt は周期 T である．これらを上述の式に代入すると，

$$v = \frac{\Delta L}{\Delta t} = \frac{\lambda}{T} \; [\mathrm{m/s}] \tag{8.2}$$

となる．さらに，周期と振動数は (8.1) のように逆数の関係 $\nu = 1/T$ なので，

$$v = \nu \lambda \; [\mathrm{m/s}] \tag{8.3}$$

も成り立つ．「波の速さは振動数と波長の積」で求まる．たとえ忘れても，いま考えたように，

---

*1   単位を付けて考えた方がわかりやすいかもしれないので，SI 単位で考えてみる．1 秒当りの振動回数を求めるには，「振動 1 回」÷「時間 T 秒」である．例えば，2 秒間で 1 回振動したら，振動数は 1 回 ÷ 2 s で，1 秒間に 0.5 回，つまり 0.5 回/s である．回数は無次元量として扱うので $0.5\,\mathrm{s^{-1}}$ である．

波の伝わる速さを1周期分について考えれば (8.3) を導ける.

問題 8.2　**波の波長，振動数，周期，速さ**

波長 λ，振動数 ν，周期 T，速さ v の波について，次の問いに答えなさい.

（1）　波の波長が $\lambda = 45\,\mathrm{cm}$，振動数が $\nu = 80\,\mathrm{s^{-1}}$ のとき，波の周期と速さを求めなさい.

（2）　波の速さが $v = 330\,\mathrm{m/s}$，波長が $\lambda = 75.0\,\mathrm{cm}$ のとき，波の振動数と周期を求めなさい.

波の表現方法

波の状態は，媒質各点のもとの位置からの変位で決まる. そこで，x 軸に媒質のもとの位置（座標原点から見た位置）を，y 軸に媒質のもとの位置からのずれ（変位）を描くと，ある時刻の波の状態をグラフで表現できる.

8.3 正 弦 波

波形が正弦関数（sin）で表される連続波を，**正弦波**（sine wave）という. 波形が余弦（cos）になる場合も，波をずらすと sin の波形になるので正弦波に含まれる. 正弦波を発生させるには，波源を単振動させればよい.

正弦波の波形は sin で表せるが，位置 x にある媒質の変位 y は，時々刻々と状態が変化する. つまり，媒質の変位 y は位置 x の関数であるだけでなく，時間 t の関数でもある. x と t，両方の変数を一度に考えるのは困難である. そこで2段階の手続きを踏む.

始めに，片方の変数を固定して，もう一方の変数だけについての式を立てる. 次に，固定していた変数を動かして，その式にとり込む. x と t のどちらを先に固定しても同じなので，2通りのどちらか一方を理解できればよい. 振幅 A，波長 λ，周期 T，振動数 ν，速さ v で，x 軸の正の向きに進行する正弦波の式を求めることにする.

まずは，ある瞬間の波の状態を式で書こう.

例題 8.3　**ある瞬間における正弦波の波形**

横軸を媒質のもとの位置 x，縦軸を媒質の変位 y とすると，時刻 $t = 0$ における，ある正弦波の波形が，図 8.4 のようであった. この波形を式で表しなさい.

［解］　図 8.4 を見ると，関数 $y(x)$ は振幅が A の正弦関数なので，

$$y(x) = A \sin (\quad)\,[\mathrm{m}] \tag{8.4}$$

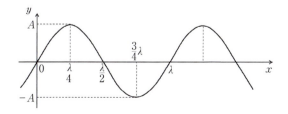

図 8.4　時刻 $t = 0$ のときの正弦波の波形

という形である．ここで，xと（　）の中身とyの関係を表8.1に示した．

表8.1　$t = 0$のときの正弦波

x	0	$\frac{\lambda}{4}$	$\frac{\lambda}{2}$	$\frac{3}{4}\lambda$	λ
$\sin$の（　）の中身	0	$\frac{\pi}{2}$	π	$\frac{3}{2}\pi$	2π
y	0	A	0	$-A$	0

これより，（　）$= x \times 2\pi/\lambda$となっていればよいので，図8.4の波形を表す式は，

$$y(x) = A \sin \frac{2\pi}{\lambda} x \ [\mathrm{m}] \tag{8.5}$$

となる．これで$t = 0$のときの正弦波の波形を，xの関数として表すことができた．なお，変数tを$t = 0$に固定しているので$y(x)$と書いたが，本来，媒質の変位yは媒質の位置xと時間tに依存するので，x, tを変数とする関数$y(x, t)$と書くべきである．そして，ここでは$t = 0$として$y(x, 0)$と書くほうが丁寧である．つまり，以下のようになる．

$$y(x, 0) = A \sin \frac{2\pi}{\lambda} x \ [\mathrm{m}] \tag{8.6}$$

ところで，「$\sin$の（　）の中身」は「$\sin$の**位相**（phase）」という．$\cos$の場合も同様に$\cos$の位相という．位相は，0から2πで一区切りである．つまり，1周期分である．位相ϕ_1, ϕ_2が，$\phi_1 = \alpha$，$\phi_2 = \alpha + 2n\pi$（nは整数）の関係にあるとき，ϕ_1, ϕ_2は**同位相**（same phase）であるという．このとき，$\sin \phi_1 = \sin \phi_2$，$\cos \phi_1 = \cos \phi_2$である．

次に，時間をtだけ進めてみる．時間tの間に，この正弦波は，x軸の正の向きに全体がvtだけ進んで，図8.5に実線で示した波形となる．

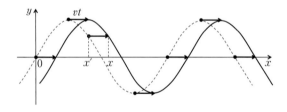

図8.5　時刻tのときの正弦波の波形

$t = 0$の波形（赤い点線）から少しずれた，この波形を式で表さなければならない．それには，(8.6)の位相を少しずらせばよい．

図8.6のように，時間tの間に，波がx軸の正の向きにvtだけ進行して，位置x'の媒質の変位$y(x', 0)$が位置xの媒質に伝わる．したがって，時刻tのときの位置xの媒質の変位$y(x, t)$は，xからvtだけ戻った位置x'の媒質の，$t = 0$のときの変位$y(x', 0)$に等しい．つまり，

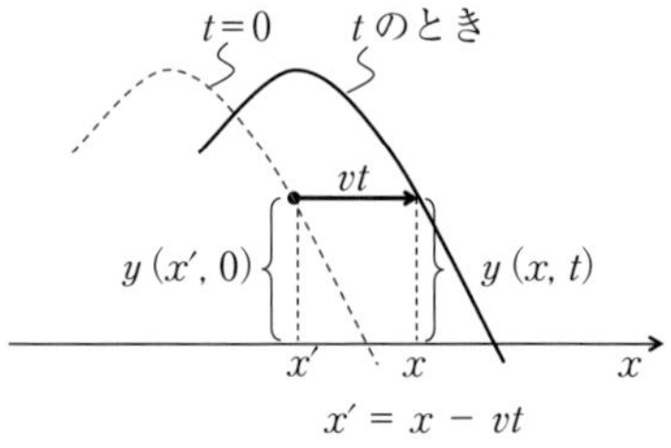

図8.6　時間tの間にx'の変位がxに伝わる．

$$y(x, t) = y(x', 0) \tag{8.7}$$

$$= A \sin \frac{2\pi}{\lambda} x' \, [\text{m}] \tag{8.8}$$

である. x から vt だけ戻った位置 $x' = x - vt$ を代入すると,

$$y(x, t) = A \sin \frac{2\pi}{\lambda} (x - vt) \, [\text{m}] \tag{8.9}$$

$$y(x, t) = A \sin 2\pi \left(\frac{x}{\lambda} - \nu t \right) [\text{m}] \tag{8.10}$$

$$y(x, t) = A \sin 2\pi \left(\frac{x}{\lambda} - \frac{t}{T} \right) [\text{m}] \tag{8.11}$$

となり, 時刻 t における波形を表す式が求まる. (8.9), (8.10), (8.11) は, $v = \nu\lambda$ と $\nu = 1/T$ によって変形しただけで, どれも等価である.

　それぞれの式の特徴を挙げると, (8.9) は, 速さ v の波が x 軸の正の向きに進むことを表している. 波の進む向きは, v の前の符号から判断できる. x 軸の負の向きに進む場合は, この符号が正になる.

　(8.10) では, 位相中の $2\pi/\lambda$ が**波数** k (wave number) という量に, また $2\pi\nu$ が**角振動数** ω (angular frequency) という量に対応する. したがって,

$$y(x, t) = A \sin (kx - \omega t) \, [\text{m}] \tag{8.12}$$

と書くこともある.

- -

問題 8.3　　**正弦波の性質**

　次の式

$$y(x, t) = A \sin 2\pi \left(\frac{t}{T} - \frac{x}{\lambda} \right)$$

で表される x 軸上の正弦波について, 次の問いに答えなさい.

（1）　振幅, 波長, 周期, 振動数, 速さを答えなさい.

（2）　縦軸を変位, 横軸を時間として, 原点の変位の時間変化をグラフにしなさい.

（3）　$t = 0$ での波形を描きなさい.

（4）　波の進む向きを答えなさい.

8.4　波 の 合 成

　波と波が出会うと, **重ね合わせの原理** (principle of superposion) に従う. つまり, それぞれ波の変位を足し合わせればよい. これを**波の合成** (superposition of waves) といい, 重ね合わされてできた波を**合成波** (associated wave) という.

その後，合成波はもとの波に分離して，もとの波がそれぞれもとの形で，もとの速さで，もとの進行方向に遠ざかっていく．離れて行く波に，重ね合わせが起こった影響は生じない．

波の合成を具体的に考えるには，単独の波（パルス波）同士の合成を扱うのがわかりやすい．連続波の場合も，考え方は同じである．

例題8.4　**山型と山型のパルス波の合成**

ロープの左右から，同じ形の山型のパルス波が近づいて来る．簡単のために，山型パルス波は頂点を境目に左右対称とする．合成波がどうなるかを説明しなさい．

[解]　そのうちに両者は重なり始めるが，それぞれが別々のロープをそれまでの波形のままで，独立に進行すると考える．そして，図8.7のように，ある瞬間の波形を足し合わせれば，それがその瞬間の合成波の波形である．

図8.7の3段目に示したように，山型のパルス波が完全に重なったとき，合成波はもとの波形の2倍の振幅になる．その後，もとのそれぞれの波は離れ始める．この間も，もとのそれぞれの波が，始めの波形のまま独立に進むと考えて，それらを足し合わせればよい．

最後には，もとのそれぞれの波はお互いに離れて行く．このときも，もとのそれぞれの波が始めの波形で独立に進むと考えればよい．

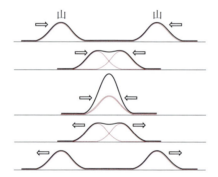

図8.7　山型のパルス波の重ね合わせ．もとの波を濃い赤の点線，合成波を黒い実線で示す．

例題8.5　**山型と谷型のパルス波の合成**

ロープの左から山型のパルス波が，右から谷型のパルス波が来る場合，合成波がどうなるかを説明しなさい．

[解]　波が重なり始めたら，図8.8のように，独立な2つの波と考えて足し合わせる．山型の波は上へ，谷型の波は下へ振れているので，谷型の波は山型の波を弱めることになる．上への振れは正の変位，下への振れは負の変位なので，両者の足し算は引き算に相当する．

さらに，もとの波が進行して完全に重なると，図8.8の3段目のように打ち消し合って，合成波が消える．しかし，次の瞬間，合成波が復活する．もとの波が進んでずれるからである．その後，もとのそれぞれの波が完全に離れると，もとの山型と谷型の波形がもとの速さのまま遠ざかっていく．

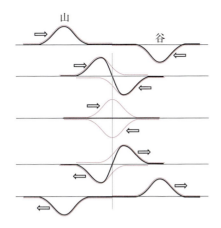

図 8.8 山型と谷型のパルス波の重ね合わせ. もとの波を濃い赤の点線, 合成波を黒い実線で示す.

8.5 波 の 反 射

波が媒質の境界まで到達すると, **反射**（reflection）現象が起こる. 媒質の境界に向かって来た**入射波**（incident wave）が, そこで逆向きの**反射波**（reflected wave）として戻って行くのである. 反射波の振舞は媒質の境界の状態によって変わる.

8.5.1 自 由 端

媒質の境界が固定されていない場合を考える. このような境界を**自由端**（free end）とよぶ. 自由端の媒質は, 文字通り自由に変位する.

例題 8.6　　**自由端でのパルス波の反射**

図 8.9 のように, 山型のパルス波が自由端に左から近づいて来た場合, どのような反射波が発生するか考えなさい.

[**解**]　波は, 媒質の変位が, その隣の媒質に伝わっていく現象であるが, 図 8.9 の場合, 媒質の境界では, 右隣に変位が伝わる代わりに, そこで折り返して, いままさに波が伝わって来た左隣の媒質に変位が伝わる. これが反射波である.

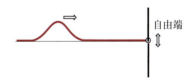

図 8.9　自由端への波の入射

自由端で折り返す反射波を知るには, 次のように考えることができる. まず, 入射波が自由端を通り越して, あたかも媒質が続いているように進んで行くと仮定する. そして, 図 8.10 のように自由端の右側に, その波形を点線で描く. 実際には波は反射するので, その点線を自由端で折り返したものが, その時点での反射波ということになる.

ところで, 自由端近くの媒質では, 入射波による変位に反射波による変位が加わる. ここでも波の重ね合わせの原理に従う. その結果, 図 8.11 のように, 入射波と反射波を重ね合わせた合成波が生じる.

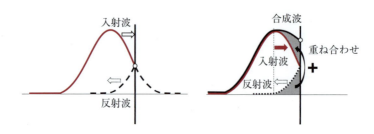

図8.10　自由端での波の反射　　　図8.11　自由端での入射波
　　　　　　　　　　　　　　　　　　　　と反射波の合成

　山型のパルス波が反射する現象を続けて見ると，図8.12のようになる．パルス波の頂点が
ちょうど自由端に達したとき，合成波の振幅はパルス波の振幅の2倍になる．その後，入射波
は完全に反射して，反射波が左に戻って行く．このように，山型の入射波が自由端で反射する
と山型の反射波が生じる．入射波が谷型のときは，反射波も谷型である．**つまり，自由端の反
射では，波の進行方向が逆向きになるだけである．**

　この現象を，図8.13のようにとらえることもできる．まず，左からやって来る入射波に対
して，自由端を挟んで対称に右から仮想的な反射波がやって来るとする．入射波と反射波を重
ね合わせると合成波が得られる．自由端より左側の合成波が，実際に起きている現象に対応す
る．この考え方は便宜上のものではあるが，反射による合成波を，比較的容易に求めることが
できる方法である．

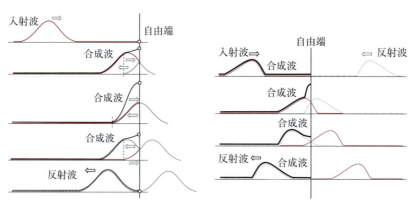

図8.12　自由端での入射波と反　　　　図8.13　自由端での入射波と反
　　　　射波，および合成波の様子　　　　　　　射波のとらえ方

●8.5.2●　固　定　端

媒質の境界が固定されている，**固定端**（fixed end）の場合について考える．

例題8.7　　**固定端でのパルス波の反射**

　図8.14のように，山型のパルス波が固定端に左から近づいて来た場合，どのような
反射波が発生するか考えなさい．

[**解**]　山型のパルス波が入射して来ると，自由端
の場合と同じように，変位は折り返して左向きに
伝わっていく．つまり，反射が起こる．しかし，
固定端の媒質は，反射が起こる際も変位すること
ができない．そのため，入射波によって，媒質が
例えば上向きに変位しようとすると，その反動で
反射波の変位は下向きになり，固定端での合成波の変位はゼロになる．

図8.14　固定端への波の入射

　この様子は，図8.15のようにとらえることもできる．まず，入射波が固定端を通り越して
進んで行くと考えて，あたかも媒質が続いているかのように，固定端の右側に点線で波形を描
く．そして，変位を上下反転し，それをさらに境界面で折り返したものが反射波になる．

　ところで，入射波と反射波に分けて描くと，それぞれは固定端で変位していることになる．
しかし，実際の波形は入射波と反射波の合成波として現れる．つまり，図8.16のように，固
定端における合成波の変位はゼロである．いいかえれば，入射波によって固定端が変位しない
ように，入射波を打ち消すような反射波が発生していると考えることもできる．

　図8.17で，入射して来た山型のパルス波が，反射して戻って行くまでを続けて追った．山
の頂点が固定端に達したとき，一瞬だけ合成波が消える．その後，下向きに反転した谷型の波

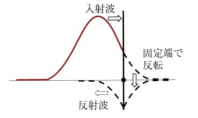

図8.15　固定端での波の反射

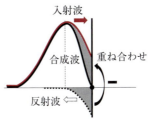

図8.16　固定端での入射波
と反射波の合成

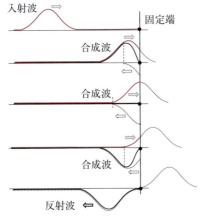

図8.17　固定端での入射波と反
射波，および合成波の様子

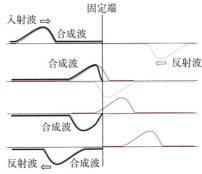

図8.18　固定端での入射波と反
射波のとらえ方

形が反射波となって左向きに戻って行く．入射波が谷型ならば，反射波は山型となる．**固定端での反射では，波の進行が逆転するとともに，変位の上下反転も起こる．**

　または，前頁の図 8.18 のようにとらえることもできる．左からやって来る入射波に対して，上下を反転した仮想の反射波が，固定端を挟んで対称に右から来るとする．これらの入射波と反射波を重ね合わせた合成波のうち，固定端の左側だけが実際の合成波に対応する．

●8.5.3● 定 常 波

　入射波が連続波の場合の反射も，パルス波のときと同じように扱えばよい．ここでは，連続波として正弦波を考えて，自由端の場合と固定端の場合について考察しよう．

自由端の場合

　入射波と反射波の合成波は，図 8.19 のようになる．合成波には，媒質が大きく変位する**腹**（はら，loop）とよばれる部分と，変位しない**節**（ふし，node）とよばれるくびれた部分が生じ，右にも左にも進行しない．このような状態の波を**定常波**（または定在波）（standing wave）とよぶ．

　自由端に正弦波が入射して生じる定常波は，時間ごとに分けて描くと，図 8.19 の左図のような波形になるが，これらをまとめて右図のように表現することが多い．この右図では，腹が上下に振動することを表現するために点線も使っているが，点線部分も実線で描く場合もある．定常波は，波長が入射波の波長 λ と同じになる．したがって，腹から腹（または節から節）までは λ/2 になる．また，振幅（腹の振幅）はもとの正弦波の 2 倍になる．

固定端の場合

　固定端に正弦波が入射して生じる定常波は，時間ごとに分けて描くと図 8.20 の左図

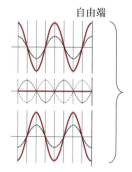
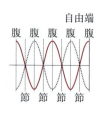

図 8.19 （左）自由端への入射波（黒い細線）と反射波（黒い点線）の合成による定常波（濃い赤の実線）．（右）定常波は濃い赤の実線と黒い点線の間で振動する（点線部分を実線で描く場合もある）．

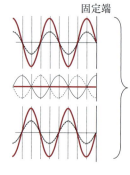
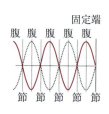

図 8.20 （左）固定端への入射波（黒い細線）と反射波（黒い点線）の合成による定常波（濃い赤の実線）．（右）定常波は濃い赤の実線と黒い点線の間で振動する（点線部分を実線で描く場合もある）．

のような波形になるが，これらをまとめて 1 つのグラフで表現すると，図 8.20 右図のようになる．定常波は，この右図の濃い赤の実線と黒い点線の間を振動し，左右のどちらにも進

行しない.

　定常波の波長が入射波の波長 λ と同じになるので，腹から腹（または節から節）までが半波長（$\lambda/2$）になることや，振幅（腹の振幅）がもとの正弦波の 2 倍になる特徴は，自由端の場合と同様である.

　しかし，図 8.19 と図 8.20 には相異点がある．まず，媒質の境界に対する腹（または節）の位置が，1/4 波長（$\lambda/4$）だけ異なる．また，自由端は開いて（振動して）腹になり，固定端は閉じて（変位せずに）節になる.

媒質が境界に挟まれている場合

　媒質が境界に挟まれている場合，片方の境界で反射した反射波は，いずれ反対側の境界に達し，そこでも反射が起こる．媒質の境界としては，両方とも自由端，または両方とも固定端，そして片方は自由端でもう一方が固定端の場合がある.

- -

例題 8.8　**境界が両方とも固定端の場合の定常波**

　ギターやバイオリンなどの弦楽器のように，両方の境界が固定端になっている場合に生じる定常波について，波長と弦の長さの関係を求めなさい.

[解]　定常波が発生する場合，固定端はどちらも節になる．そのような定常波は，図 8.21 のように半波長の定数倍のものに限られる．この条件を満たさない波は，反射波同士が打ち消し合って，定常波にはならない.

　具体的に説明すると，定常波ができる場合，その波長はもとの正弦波の波長と同じである．したがって，定常波を生じさせるもとの波の波長 λ は媒質の長さで決まる．媒質の長さを L とすると，

$$L = \frac{\lambda}{2}n \, [\text{m}] \tag{8.13}$$

の関係を満たす波長の波だけが，固定端の間で定常波となる．ただし，n は正の整数である（$n = 1, 2, 3, \cdots$）．n は，固定端の間にできる定常波の腹の数でもある．各 n に対応する定常波を生じさせる波長を λ_n とすると，(8.13) より

$$\lambda_n = \frac{2L}{n} \, [\text{m}] \tag{8.14}$$

と書ける．さらに，弦を伝わる波の速さ v がわかっていれば，各 n に対応する振動数 ν_n も求

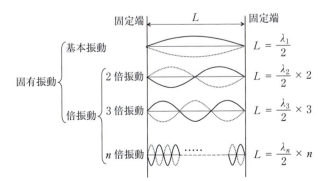

図 8.21　固定端の間にできる定常波（固有振動）

まる．（8.3）に（8.14）を代入すると，

$$\nu_n \lambda_n = v \; [\text{m/s}] \tag{8.15}$$

$$\nu_n = \frac{v}{\lambda_n} = \frac{nv}{2L} \; [\text{s}^{-1}] \tag{8.16}$$

となって，振動数は波の速さ v と弦の長さ L で決まる．

∎∎

このような定常波になる振動を，弦の**固有振動**（eigenfrequency）とよぶ．$n = 1$ のとき
の振動を**基本振動**（fundamental vibration）といい，そのときの振動数 ν_1 を**基本振動数**
（fundamental frequency）という．また，このときの音を**基本音**（fundamental tone）とい
う．これに対して，$n \geq 2$ の振動を**倍振動**（harmonics），その音を**倍音**（harmonic tone）
という．$n = 2$ の振動を **2 倍振動**（second harmonic vibration），$n = 3$ の振動を **3 倍振動**
（third harmonic vibration）などという．

問題8.4　　境界が自由端と固定端の場合の定常波

距離 L だけ離れた自由端と固定端がある．この間にできる定常波を，自由端が腹，固定端が節に
なることに注意して図示しなさい．そして，L と波長の関係式を書きなさい．

8.6　ホイヘンスの原理

●8.6.1●　波　　面

お寺の鐘の音は四方八方に響き渡る．音波は空気を
媒質として伝わる疎密波であり，空気の密度が密な部
分と疎な部分が交互に通過していって，音が聞こえる
のである．空気の密度が密な部分を連ねると球面状に
なる．疎な部分も同様に球面状である．図 8.22 のよ
うに，それぞれの球面は波源（音源）である鐘を中心
にして，3 次元的に広がっていく．

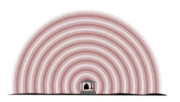

図 8.22　音波の伝わり方

疎密波（縦波）に限らず横波の場合も含めて，媒質が同じ状態（同じ変位かつ同じ変位の
向き）になっている部分を連ねた曲面を，**波面**（wave surface, wave front）という．波面
が平面の場合は**平面波**（plane wave）という．鐘の音の例のように，波面が球面になる場
合は**球面波**（spherical wave）とよばれる．波の進行方向は，波面に垂直な方向となる．

正弦波の場合，変位の状態が同じ場所は同位相になっている．一般の波についても同様な
表現をし，ある瞬間に同位相にある媒質を連ねて得られる面が波面である．

●8.6.2●　波面で表現する方法

水面の一点を指先で周期的に軽く打つと，その点が波源となって周りに波が伝わる．その

様子は，図8.23のように描くことができる．波源を中心として描かれた同心円は，波の山
または谷など，同じ変位になっている媒質の位置を結んだ線である．水面などの，2次元空
間を伝わる波の波面は曲線になる．波面が円の場合は，**円形波**（round wave）とよばれる．
この図に描かれている波面が山の部分とすると，波源から最も遠い一番外側の円は，波源に
おいて一番最初に発生した山に対応する．

　図8.23の各円の間隔は，図8.24に示したように波長λに対応する．また，波の進行方
向は各波面に垂直である．この波面は，時間の経過とともに外側に広がる．ある波面が，次
にどのような波面になるかは，**ホイヘンス**[*2] **の原理**（Huygens' principle）で考えればよ
い．この原理は，波の進行を妨げるような障害物がある場合にも適用できる．

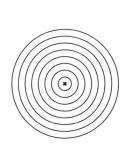

図8.23　円形波

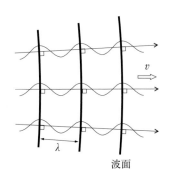

図8.24　波面で表現される
波の状態

　ホイヘンスの原理では，図
8.25のように，**ある瞬間の波
面上の点が新たな波源になると**
考える．波面としての曲面上
（2次元空間を伝わる波の場合
は，曲線上）には，無数の点が
存在する．したがって，その無
数の新たな波源から，2次波
（**素元波**）が生じる．各素元波

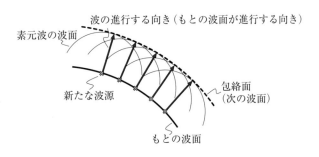

図8.25　ホイヘンスの原理

の波面は，それぞれの波源から球面状に（2次元空間を伝わる波の場合は，円状に）広が
る．そして，ある時間が経過したとき，もとの波面が進行する側にできる，無数の素元波に
よる波面の，すべてに接する面（包絡面[*3]）が新たな波面となる．これがホイヘンスの原
理である．

　波は重ね合わせの原理に従い，山と山（または谷と谷）が重なると強め合う．このことか

---

　*2　Huygens, Christiaan（オランダ，1629 – 1695）：オランダの名門の家に生まれ，望遠鏡を改良して
土星の輪を発見したり，振り子時計を発明したりして活躍した．
　*3　曲面の集まりがあるとき，そのすべての曲面に接する面を包絡面という．2次元空間の場合は，曲
線の集まりがあるとき，そのすべての曲線に接する曲線を包絡線という．

ら，もとの波面から出た無数の素元波の山や谷が包絡面では強め合い，次の波面を形成すると解釈できる．ホイヘンスの原理によって，波面の進行を求めることができる．

反射波の波面

平面波が平らな境界面に斜めに入射するとき，ホイヘンスの原理を適用すると，反射波の波面は図 8.26 のようになる．この図の $\overrightarrow{\mathrm{DD'}}$ は入射波の進む向きを，$\overrightarrow{\mathrm{AA'}}$ は反射波の進む向きに対応する．

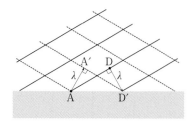

図 8.26　実線は入射波の，点線は反射波の波面を表す．

反射の法則

図 8.27 に示すように，入射波や反射波の角度は，境界面の**法線**[*4]（normal）を基準にしてはかる．図中の θ_1 を**入射角**（incident angle），θ_1' を**反射角**（reflection angle）とよぶ．**入射角と反射角は等しく**，$\theta_1 = \theta_1'$ である．これを**反射の法則**（reflection law）という．

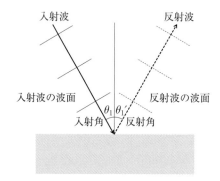

図 8.27　入射角 θ_1 と反射角 θ_1'

屈折

平面波（水面などの 2 次元空間を伝わる波を考える場合は，直線波）が，媒質 1 から媒質 2 に向かって斜めに入射する場合を考える．平面波は周期 T の連続波で，媒質の境界面は平面とする．このとき，媒質 2 へ進む波を**透過波**（transmitted wave）とよぶ．波の伝わる速さを，媒質 1 の中では v_1，媒質 2 の中では v_2（ただし，$v_1 > v_2$）として，透過波の波面をホイヘンスの原理を適用して求めると，図 8.28 のようになる．

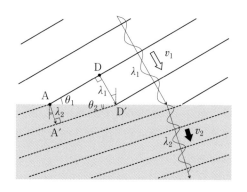

図 8.28　入射波と屈折波の波面

＊4　ある面に対して垂直な直線を法線という．

　この波面は，入射波の波面とは平行になっていない．したがって，透過波は入射波の進行方向からずれた方向に進行する．これを波の**屈折**（refraction）とよび，透過波は**屈折波**（refraction wave）ともよぶ．

　図 8.28 では，$\overrightarrow{DD'}$ が入射波の向きに，$\overrightarrow{AA'}$ が屈折波の向きに対応する．媒質の境界面の法線と屈折波の進行方向の成す角を，**屈折角**（refraction angle）とよぶ．図 8.29 に，入射波と屈折波が進行する向きを，境界面の法線を基準にして表した．

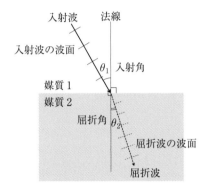

図 8.29　入射角と屈折角

　(8.2) より，媒質 1 における波長 λ_1 は，波の速さ v_1 と周期 T を使って，$\lambda_1 = v_1 T$ と表せる．同様に，媒質 2 における波長 λ_2 は $\lambda_2 = v_2 T$ と表せる．これら 2 式から周期 T を消去し，次式を得る．

$$\frac{v_1}{v_2} = \frac{\lambda_1}{\lambda_2} \tag{8.17}$$

　(8.17) より，屈折後に波の速さが落ちる（$v_1 > v_2$）と波長が短くなる（$\lambda_1 > \lambda_2$）．逆に，屈折後に波の速さが増す（$v_1 < v_2$）と波長が長くなる（$\lambda_1 < \lambda_2$）ことがわかる．

　次に，入射角と屈折角の関係を求める．図 8.28 の θ_1，θ_2 は，図 8.29 の入射角 θ_1，屈折角 θ_2 とそれぞれ等しい．また，図 8.28 より $\overline{AD'} = \lambda_1/\sin\theta_1 = \lambda_2/\sin\theta_2$ となる．したがって，

$$\frac{\lambda_1}{\lambda_2} = \frac{\sin\theta_1}{\sin\theta_2} \tag{8.18}$$

が成り立つ．(8.18) と (8.17) を合わせると，

$$\boxed{\frac{\sin\theta_1}{\sin\theta_2} = \frac{\lambda_1}{\lambda_2} = \frac{v_1}{v_2} \equiv n_{12}} \tag{8.19}$$

となる．これを**屈折の法則**（refraction law）という．n_{12} は媒質 1 に対する，媒質 2 の**相対屈折率**（relative index of refraction）とよぶ．

　ここまで，波が異なる媒質に移ることによって，波の伝わる速さと波長が変化し，屈折が起こることを見てきた．このとき，波の周期は変化しない．周期の逆数である振動数も屈折の前後で変化しない．

（問題 8.5） **水面を伝わる波**

　水面を伝わる波は，水深が浅いほど遅い．いま，速さ v_1 で水面を伝わってきた直進波が，急に水深の浅い場所に進んで，速さが v_1 の半分の v_2 になった．水深が切り替わる面に対する，入射波の入射角は 30° であった．このとき，水深が深いところに対する，浅いところの相対屈折率と屈折角を求めなさい．

回折

　平面波（もしくは直線波）が，隙間の開いた障害物に向かって垂直に入射すると，波は隙間の先の媒質へと進行する．隙間に到達した波にホイヘンスの原理を適用すると，図 8.30 のように，隙間から出た波の波面が求まる．波の大半はまっすぐに進行するが，隙間の端では障害物の裏側へも回り込む．この現象を**回折**（diffraction）とよぶ．

（問題 8.6） **波の行く手に障害物がある場合**

　平面波（もしくは直線波）が，平面上の障害物に向かって垂直に入射する．障害物に隙間があるとき，その間を越えた波の波面が図 8.30 のようになることを示しなさい．ただし，反射は考えなくてよい（必要ならば，反射については別に考えて，最後に重ね合わせればよい）．

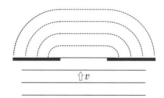

図 8.30　平面波（または直線波）の回折現象

干渉

　別々の波を重ね合わせると，もとの波とは異なる波形の合成波が現れることがある．これは，2 つの波の山と山，または谷と谷を足し合わせると強め合い，山と谷を足し合わせると打ち消し合うためである．波が強め合ったり，弱め合ったりする現象を**波の干渉**（interference）とよぶ．干渉の結果として，合成波の波形に現れる模様を**干渉縞**（interference fringe），または**干渉模様**とよぶ．

（問題 8.7） **円形波の重ね合わせ**

　位相が揃った，2 つの波源から出る円形波の干渉模様を求めなさい．

8.7　音

音の 3 要素

　音は空気が振動して，密度の疎密が伝わる縦波である．大きな音，かん高い声，心地の良

いバイオリンの演奏といった音の違いは，**音の3要素**によって生じる．

- **音の強さ**：音の大きさ．音量．これは**振幅**によって変わる．
- **音の高さ**：音程．これは**振動数**によって決まる．人が聴くことのできる可聴音の振動数は，およそ 20 Hz から 20 kHz の範囲である．これよりも振動数が高いと，**超音波**（supersonic wave）とよばれる．楽譜のト音記号で表される五線譜で，下から2番目と3番目の線の間にある「ラ」の音の振動数は 440 Hz である．音程が1オクターブ違うと，振動数が2倍異なる．
- **音色**（timbre）：同じ高さの音でも，バイオリンとピアノでは音が違うと感じる．これは，**波形**の違いによる．8.5.3項で説明した基本音（基本振動）にいろいろな倍音が混ざることによって，さまざまな波形が生じる．倍音が混ざっても，基本音の周期で振動が繰り返されるので，音の高さは基本音によって決まる．そして，これにどのような倍音が，どれくらいの強さで混じるかによって音色が決まる．

音速

空気中を伝わる音の速さ s[m/s]は気温に依存し，気温が t [℃] のとき，
$$s = 331.5 + 0.6t \,[\text{m/s}] \tag{8.20}$$
で与えられる．気温が高いほど音は速く伝わる．

問題 8.8 音の遅れ

気温 20℃ のとき，スタートの合図音は，10 m 離れた選手に何 ms 後に聴こえるか？

8.8 光

これまでの説明では，波は媒質中を伝わるものとして扱ってきた．しかし，電磁波は例外的に媒質が無い真空中でも伝わる．身近な電磁波としては，可視光や電波などがある．

光の屈折

真空を媒質0とし，真空中での速さが v_0 の電磁波が，媒質1に入射して速さ v_1 になったとすると，(8.19) より，
$$\frac{v_0}{v_1} = n_{01} = n_1 \tag{8.21}$$
である．電磁波に関しては，真空に対する媒質1の相対屈折率 n_{01} を，媒質1の**絶対屈折率**（absolute index of refraction），または単に**屈折率**（index of refraction）とよぶ．

媒質1の絶対屈折率を n_1，媒質2の絶対屈折率を n_2 とするとき，(8.19) で定義される媒質1に対する媒質2の相対屈折率 n_{12} は，
$$\boxed{n_{12} = \frac{n_2}{n_1}} \tag{8.22}$$

と表せる.

例題 8.9　**真空の絶対屈折率**

（8.22）から真空の絶対屈折率を求めなさい.

[解]　電磁波が絶対屈折率 n_0 の真空（媒質 0）から，絶対屈折率 n_1 の媒質 1 に入射すると，

$$n_{01} = \frac{n_1}{n_0} \tag{8.23}$$

である．ここで，n_{01} は真空に対する媒質 1 の相対屈折率，つまり媒質 1 の絶対屈折率 n_1 のことである．したがって，$n_0 = 1$ が得られる．このように，**真空の絶対屈折率は 1** であり，その他の物質の絶対屈折率を決める基準となる.

電磁波の場合，屈折の法則は

$$\frac{\sin\theta_1}{\sin\theta_2} = \frac{\lambda_1}{\lambda_2} = \frac{v_1}{v_2} = \frac{n_2}{n_1} \tag{8.24}$$

とまとめることができる.

　電磁波の速さ，つまり光の速さを**光速**（light speed）という．真空中の光速を c とすると，

$$c = 2.99792458 \times 10^8\,[\mathrm{m/s}] \tag{8.25}$$

である．これに対して，絶対屈折率 n の物質中での光速 c' は，

$$c' = \frac{c}{n}\ (<c)\,[\mathrm{m/s}] \tag{8.26}$$

となる．物質の絶対屈折率 n は 1 より大きいので，真空中での光速が最も速い.

問題 8.9　**物質中での光速**

　真空中での波長 $\lambda = 589.3\,\mathrm{nm}$ の光（ナトリウムの D 線）が，絶対屈折率 $n = 1.0003$ の空気（0℃，1 気圧），$n = 1.3334$ の水（20℃），$n = 2.417$ のダイヤモンドの各物質中に入射したとき，それぞれの物質内での波長を求めなさい.

全反射

　屈折現象では，入射角 θ_1 を大きくするにつれて屈折角 θ_2 も大きくなる．媒質 1 の波の速さを v_1，媒質 2 の波の速さを v_2 とすると，$v_1 > v_2$ の場合は，$\theta_1 > \theta_2$ なので入射角 θ_1 が直角になるまで，屈折波が媒質 2 へと進行する．これに対して，$v_1 < v_2$ の場合は，$\theta_1 < \theta_2$ なので入射角 θ_1 が直角になる前に，ある時点で屈折角 θ_2 が直角になる．つまり，図 8.31 に示した状態になる．さらに入射角 θ_1 を大きくすると，屈折波が発生しなくなり，反射波だ

けになる．この現象を**全反射**（total reflection）という．
図8.31は，全反射が起こるぎりぎりの状況である．こ
のときの入射角 θ_c を**臨界角**（critical angle）とよぶ．

入射角 θ_1 が臨界角より大きい $\theta_1 > \theta_c$ のとき，全反射
が起きる．絶対屈折率が n_1 の物質から n_2 の物質へ波が
入射するときの臨界角は，(8.24)で屈折角を $\theta_2 = \pi/2$
とすれば求まり，

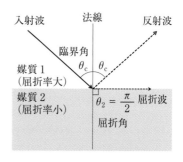

図8.31 全反射を起こす臨界角

$$\frac{\sin \theta_c}{\sin (\pi/2)} = \sin \theta_c = \frac{n_2}{n_1} \qquad (8.27)$$

である．(8.27)を用いて臨界角が求められる．

全反射が起こるのは $v_1 < v_2$ の場合であり，屈折の前後の波の速さの比と屈折率の比が，
(8.24)からわかるように逆数の関係にあるので，$n_1 > n_2$ の場合である．

第❾章
熱平衡状態と温度

学習目標

• 熱平衡状態の定義をきちんと把握し，それを規定する温度という状態変数を理解する．
• 理想気体の状態方程式が活用できるようになる．
• 熱膨張について理解を深める．

キーワード

熱平衡状態，温度，絶対温度（T[K]），線膨張率（α[K^{-1}]），体膨張率（β[K^{-1}]），理想気体，理想気体の状態方程式，気体定数（R[J/(K·mol)]），ボルツマン定数（k_B[J/K]）

　熱は，熱エネルギーともよばれ，エネルギーの一種である．私たちは熱エネルギーを活用して現代文明を享受している．熱を理解することは，私たちの日常生活を豊かにする上で欠かせないことである．

　よく知られているように，物質はおびただしい数（$\sim 6 \times 10^{23}$ 個/mol）の原子や分子から成っている．個々の原子の動きを追おうとしても，複雑すぎて，最新の計算機をもってしても，とても計算できるものではない．ところが，そのような系が，わずか数個の変数（状態変数）で記述できてしまう．それがマクロの現象論，熱力学である．キーワードは熱平衡である．熱平衡状態であれば，温度が定義できる（熱力学第0法則）．この章では，まず温度を定義しよう．次に，熱膨張について考察しよう．さらに，理想気体が簡潔な状態方程式に従うことを学ぼう．

9.1 温 度

　温度という用語は日常的に使われている．しかし，暑い寒いという皮膚感覚と，物理で定義する温度とは，必ずしも一致しない．真冬のベンチの鉄製の部分は，さわるとぞっとするほど冷たい．でも，木製の部分は，それほど冷たいとは感じない[*1]．熱力学的には，これらは同じ温度であるというのに．

　高山に行くほど一般に気温は下がる．ところがさらに上空に行くと，逆に温度は上昇するという（図9.1参照）．そこは灼熱の地獄なのか？　いや，そこは一見，冷え冷えとした宇宙空間である．一方，太陽の表面は文字通りの灼熱地獄である．同じ高温でも，どうしてこ

---

*1　これは，2つの物質の熱伝導率が違うためである．鉄は手から熱を奪い続けるので冷たく感じる．

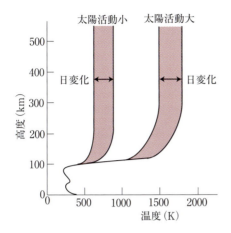

図 9.1 大気の高度と温度の関係

うも違うのだろうか．この節では，温度が物理学でどう定義され，日常の現象とどう結び付いているかについて学ぼう．

●9.1.1● 熱平衡状態

熱いコーヒーは，時間とともに冷めていく．冷め方は次第にゆっくりになり，やがて止まる．このとき，部屋の空気とコーヒーは，**熱平衡状態**（state of thermal equilibrium）にあるという．熱いコーヒーからの**熱**（heat）が空気を温め，やがて見かけ上，熱の授受が止まる．2つの物体を接触させて放置すると，いずれ熱平衡状態に達して変化は止まる．

熱平衡状態は連続無限個ある．それらを識別する指標の1つが，**温度**（temperature）である．

●9.1.2● 熱力学第0法則と温度

物体Aと物体Bが互いに接していて熱平衡状態にあるときを，A～Bと表そう（前項の例では，室内の空気～冷めたコーヒー）．**熱力学第0法則**（the zeroth law of thermodynamics）は，次のように表すことができる．

A～B，B～Cならば，A～Cである．

（熱力学第0法則）

(9.1)

すなわち，AとBとが熱平衡状態にあり，BとCとが熱平衡状態にあれば，AとCも熱平衡状態にある（図9.2）．このとき，これらは共通の温度の状態にあるという．

また，(9.1)は，次のようにいいかえることができる．AとBとが同じ温度，BとCとが同じ温度にあれば，AとCとは同じ温度にある．当たり前のような主張であるが，(9.1)は一般的にはいつも成り立つとは限らない．熱力学第0法則は，温度という変数が普遍的に定義できるための条件

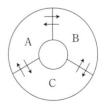

図 9.2 熱力学第0法則
（A～B，B～Cならば，A～C）

を規定している.

●9.1.3● 温度目盛と絶対温度

温度をはかるには温度計が用いられる. その温度目盛として, セ氏やカ氏などが使われている. 日常使われる温度目盛は**セ氏**(摂氏)で, 例えば 20 ℃ などと表す. セ氏はセルシウス[*2]にちなむ. 1 気圧下で純水が凍る温度を 0 ℃, 沸騰する温度を 100 ℃ として, その間を 100 等分する. アメリカでは, いまだに**カ氏**(華氏)が用いられるが, これはファーレンハイト[*3]にちなむ. カ氏 (t_F [℉]) とセ氏 (t_C [℃]) との関係は次式で与えられる.

$$t_F = \frac{9}{5} t_C + 32 \ [\text{℉}] \quad (\text{セ氏とカ氏の関係}) \tag{9.2}$$

熱力学では**絶対温度**を用い, SI 単位での単位として, K (**ケルビン**[*4]) を用いる. K は, SI 単位における 7 つの基本単位の 1 つである. 絶対温度 T [K][*5]は, t_C [℃] と次の関係にある.

$$T = t_C + 273.15 \ [\text{K}] \quad (\text{絶対温度とセ氏との関係}) \tag{9.3}$$

温度計をつくるには, 温度によって変化する物質を用いればよい (問題 9.2).

●9.1.4● 状 態 変 数

物質が熱平衡状態にあるとき, その状態をいくつかの物理変数を用いて記述できる. 熱平衡状態を規定する際に用いられる物理変数を, **状態変数** (または**状態量**, state variable) という. すでに状態変数の 1 つとして, 絶対温度 T [K] が定義された. 他に, 圧力 p [Pa], 体積 V [m³], 密度 ρ [kg/m³] などが状態変数として定義される. 熱や仕事は状態変数ではない. すなわち, 状態を, 熱や仕事で規定することはできない.

物質の状態を表す状態変数は, 物質の量に比例するかしないかによって, 2 種類に大別できる. 物質の量に比例する変数を**示量変数** (extensive variable), 物質の量によらない変数を**示強変数** (intensive variable) という. それらの例を表 9.1 に示す.

表9.1 示量変数, 示強変数

状態変数	定義	例
示量変数	量に比例	体積, 物質量 (モル数), 内部エネルギー
示強変数	量に依らない	温度, 圧力, 密度

---

*2 Celsius, Andres (スウェーデン, 1721 - 1744):1742 年にこの温度目盛を提唱. 最初は沸点を 0 ℃, 氷点を 100 ℃ と逆に定義していた.

*3 Fahrenheit, Gabriel D. (ドイツ, 1686 - 1736):1724 年にこの温度目盛を提案. 当時の最低の温度 (塩水の凍る温度) を 0 ℉, 人の血液の温度 (約 37 ℃) を 96 ℉ とした.

*4 Thomson, William, Lord Kelvin (イギリス, 1824 - 1907):熱力学において, 多大な貢献をした功績で卿の称号を授与され, 姓をトムソン (Thomson) からケルビン卿と改めた.

*5 例えば絶対温度 100 度を 100 ℃ とは書かずに, 100 K のように書くのが慣わしである.

9.2 熱膨張

　一般に，物質は温度が上がると膨張する．例外もあり，逆に収縮する物質もある（例えば，ゴム，0℃と4℃の間の水など）．その伸び（縮み）の程度を示す量が，**熱膨張率**（coefficient of thermal expansion）である．一般に，圧力が一定（通常は1気圧）に保たれている場合の熱膨張を考える．通常の温度計や体温計は熱膨張を利用している．

●9.2.1● 線膨張率

　温度によって固体の長さは変わる．すなわち，固体のある一方向の長さは温度の関数である．温度 T [K] のとき長さ l [m] の棒が，温度上昇 ΔT [K] により Δl [m] だけ伸びたとき，**線膨張率**（coefficient of linear expansion）α [K^{-1}] は次のように定義される．

$$\alpha \equiv 線膨張率 = \frac{伸び}{もとの長さ \times 温度差} = \lim_{\Delta T \to 0} \frac{1}{l} \frac{\Delta l}{\Delta T} = \frac{1}{l} \frac{dl}{dT} \ [\text{K}^{-1}] \tag{9.4}$$

　$\alpha > 0$ ならば膨張，$\alpha < 0$ ならば収縮である．一般に線膨張率は温度の関数であるが，多くの物質では線膨張率は小さい（表9.2）．そのため，狭い温度範囲では一定と見なせる．例えば，T_0 [K] 付近での温度 T [K] での長さは，次式により与えられる．

$$l(T) \simeq l(T_0)\{1 + \alpha(T - T_0)\} \ [\text{m}] \tag{9.5}$$

物質の結晶構造によっては，同じ物質でも，方向によって線膨張率が異なる場合がある．

表9.2 線膨張率（数値 $\times 10^{-6}$ [K^{-1}]）（国立天文台 編：「理科年表 平成29年版」（丸善出版，2017年）による）

物質	温度			
	100K	293K（20℃）	500K	800K
ダイヤモンド	0.05	1.0	2.3	3.7
アルミニウム	12.2	23.1	26.4	34.0
鉄	5.6	11.8	14.4	16.2
銅	10.3	16.5	18.3	20.3
金	11.8	14.2	15.4	17.0
銀	14.2	18.9	20.6	23.7

●9.2.2● 体膨張率

　液体や気体は決まった形をもたない．そこで，膨張率として，体膨張率を用いる．体積 V [m^3] は，一般に温度 T [K] と圧力 p [Pa] の関数である．圧力を一定に保って温度を変化させるときの体積の変化率を，**体膨張率**（coefficient of volume expansion）という．

$$\beta \equiv 体膨張率 = \frac{体積の増分}{もとの体積 \times 温度差}$$
$$= \lim_{\Delta T \to 0} \frac{1}{V} \frac{\Delta V}{\Delta T} = \frac{1}{V} \frac{dV}{dT} \ [\text{K}^{-1}] \tag{9.6}$$

例題 9.1　　線膨張率と体膨張率との関係

　物体が一様な物質でできているとき，線膨張率 α [K^{-1}] と体膨張率 β [K^{-1}] との関係

を求めなさい.

[解] 一辺 l [m] の立方体を考える. $V = l^3$ [m³] であるから,

$$\beta = \frac{1}{V}\frac{dV}{dT} = \frac{1}{l^3}\frac{dl^3}{dT} = \frac{3l^2}{l^3}\frac{dl}{dT} = \frac{3}{l}\frac{dl}{dT} = 3\alpha \ [\mathrm{K^{-1}}] \tag{9.7}$$

という関係が成り立つ.

問題 9.1 **密度を用いて表す体膨張率**

体積の代わりに密度 ρ [kg/m³] を用いて,体膨張率 β [K⁻¹] が次式で与えられることを示しなさい.

$$\beta = -\frac{1}{\rho}\frac{d\rho}{dT} \ [\mathrm{K^{-1}}] \tag{9.8}$$

表 9.3 に体膨張率の例を示す.固体の場合は,(9.7) に示すように線膨張率の約 3 倍に等しいので省く.

表 9.3 液体の体膨張率（[K⁻¹]）（国立天文台 編:「理科年表 平成 29 年版」（丸善出版,2017 年）による）

物質	体膨張率	物質	体膨張率
アセトン	1.43×10^{-3}	水銀	0.181×10^{-3}
エチルアルコール	1.08×10^{-3}	水	$0.21 \ \times 10^{-3}$
グリセリン	0.47×10^{-3}	メチルアルコール	$1.19 \ \times 10^{-3}$

問題 9.2 **温度計の目盛**

棒状水銀温度計がある.液だめの内容積が $4.0\,\mathrm{mm^3}$,細管の直径が $20\,\mu\mathrm{m}$ のとき,温度目盛をどのように付ければよいか.水銀の体膨張率を $1.81 \times 10^{-4}\,\mathrm{K^{-1}}$ として答えなさい.ただし,温度計自身の熱膨張は無視してよい.

9.3 絶対温度と理想気体

気体の状態は状態変数,すなわち物質量 n [mol],圧力 p [Pa],体積 V [m³],温度 T [K] の 4 つの変数によって規定でき,それらの変数の間に,ある関係式が成り立つ.その式を**状態方程式**（state equation）という.

ボイル[*6] は,温度が一定のとき,気体の圧力と体積の積が一定であることを発見した（**ボイルの法則**）.またシャルル[*7] は,圧力が一定のときの気体は,体積と温度の比が一定であることを発見した（**シャルルの法則**）.もう 1 つの法則,体積は物質量（モル数）に比例することも考慮して,これらの式をまとめ 1 つの式にすることができる.すなわち,気体

[*6] Boyle, Robert（イギリス,1627 - 1691）:裕福な貴族の 14 番目の子として生まれた.1662 年にボイルの法則を発見.

[*7] Charles, Jacques（フランス,1746 - 1823）:1779 年に,パリを訪れたフランクリンの影響で実験物理に目覚め,弁舌と実験の腕で多くのパトロンを魅了した.1787 年ごろにシャルルの法則を発見.

の状態方程式は次式で与えられる（**ボイル‐シャルルの法則**（Boyle‐Charles law）．

$$pV = nRT \, [\text{J}] \quad \textbf{（理想気体の状態方程式）} \tag{9.9}$$

この状態方程式に従う（仮想的な）気体を**理想気体**（ideal gas）という．高温で十分希薄なとき，実際の気体もこの式に従う．式の両辺の次元はエネルギーで，単位はジュール［J］である．ここで，n は物質量を表し，その単位は SI 単位では mol（モル）である．1 mol の物質のなかには，**アボガドロ定数**（$N_A \equiv 6.02214076 \times 10^{23}/\text{mol}$）個の分子（または，原子）が含まれる．また，$R \, [\text{J}/(\text{K·mol})]$ は気体定数（gas constant）で，次の値をもつ．

$$R = k_B N_A = 8.31446261815324 \, \text{J}/(\text{K·mol}) \tag{9.10}$$

（9.9）は，**気体の種類によらず成り立つ式である**[*8]．この式は，熱機関で本質的なはたらきをする．なぜなら熱機関では，気体が主役としてはたらいているからである．

次に，**気体定数** $R \, [\text{J}/(\text{K·mol})]$ の値を求めてみよう．

例題 9.2　気体定数の計算

気体定数 $R \, [\text{J}/(\text{K·mol})]$ の値を求めなさい．

[**解**]　標準状態 $T = 273.15 \, \text{K}$，$p = 1 \, \text{atm} = 1013.3 \, \text{hPa} = 1.0133 \times 10^5 \, \text{N/m}^2$ の 1 mol の気体の体積，$V = 22.414 \, \text{L} = 22.414 \times 10^{-3} \, \text{m}^3$ を代入して，次のように求まる．

$$R = \frac{1.0133 \times 10^5 \times 22.414 \times 10^{-3}}{273.15} \simeq 8.314 \, [\text{J}/(\text{K·mol})] \tag{9.11}$$

次に，一定圧力下での理想気体の体膨張率を求めてみよう．

例題 9.3　一定圧力下での理想気体の体膨張率

一定圧力下での理想気体の体膨張率を求めなさい．

[**解**]　（9.6）に $V = nRT/p \, [\text{m}^3]$ を代入して，

$$\beta = \frac{1}{V}\frac{dV}{dT} = \frac{p}{nRT}\cdot\frac{nR}{p} = \frac{1}{T} \, [\text{K}^{-1}] \tag{9.12}$$

を得る．すなわち，理想気体の体膨張率は温度の逆数で与えられる．また，セ氏 0 度付近では，$\beta = 1/273.15 \simeq 3.67 \times 10^{-3} \, \text{K}^{-1}$ なので，$t_C \, ℃$ での体積 $V \, [\text{m}^3]$ は，0 ℃ での体積を $V_0 \, [\text{m}^3]$ として，次式で与えられる．

$$V \simeq V_0(1 + 3.67 \times 10^{-3} \, t_C) \, [\text{m}^3] \tag{9.13}$$

ボルツマン定数

ここで，ボルツマン定数を定義しておこう．気体定数をアボガドロ定数

---

*8　気体の状態が，わずか 4 つ（$p \, [\text{Pa}]$，$V \, [\text{m}^3]$，$T \, [\text{K}]$，$n \, [\text{mol}]$）の状態変数で表され，しかもそれらの間に，このような単純できれいな関係式が成り立つことに感銘を受けないではいられない．また，この式で，絶対温度 $T \, [\text{K}]$ が定義されていると考えてもよい．

$(N_A \simeq 6.02 \times 10^{23}/\text{mol})$ で割った数を**ボルツマン定数**（Boltzmann constant）という．

$$k_B = \frac{R}{N_A} \equiv 1.380649 \times 10^{-23} \, [\text{J/K}] \tag{9.14}$$

ボルツマン[*9]定数は，個々の原子や分子の運動を考えるときに活躍する．

- -

例題 9.4   密度を用いた状態方程式

理想気体の状態方程式を，体積 $V\,[\text{m}^3]$ の代わりに密度 $\rho\,[\text{kg/m}^3]$ を用いて表しなさい．

[**解**]   気体の分子量を M とすると，$n\,[\text{mol}]$ の気体の質量は $nM \times 10^{-3}\,[\text{kg}]$ となる．$\rho = nM \times 10^{-3}/V\,[\text{kg/m}^3]$ を (9.9) に代入すると

$$p = \frac{R \times 10^3}{M} \rho T \, [\text{Pa}] \quad （密度を用いた理想気体の状態方程式） \tag{9.15}$$

が得られる．このように密度で表すと，気体の分子量があらわに含まれる．また，kg を質量の単位にしているので，10^3 の因子が出る．(9.9) は，気体の種類にかかわらず成り立つ便利な式であることがわかる．

- -

問題 9.3   空気の分子量

空気の分子量を求めなさい．ただし，空気の 78% は窒素，21% は酸素，残り 1% をアルゴンとし，窒素，酸素，アルゴンの分子量はそれぞれ，28.01，32.00，39.95 とする．

[*9]   Boltzmann, Ludwig E.（ドイツ，1844 – 1906）：ボルツマン定数の他にもボルツマン分布，ボルツマン方程式など，ボルツマンの名を冠したものが多い．神経衰弱のため死去．ボルツマンの墓にある胸像には，エントロピーのミクロとの関係式 $S = k \log W$ が刻んである．

第10章
熱学，熱力学第1法則

学習目標

- 熱に関して，内部エネルギー，熱量，比熱など基礎的なことがらを身に付ける．
- 比熱を用いた計算や，熱伝導に関する基本的な計算ができるようになる．
- 熱力学第1法則の本質を理解する．
- いろいろな過程での仕事量，熱量の計算ができるようになる．
- サイクル過程での仕事と熱の関係を理解する．

キーワード

熱量（$Q\,[\mathrm{J}]$），内部エネルギー（$U\,[\mathrm{J}]$），熱容量（$C\,[\mathrm{J/K}]$），比熱（$c\,[\mathrm{J/(K \cdot g)}]$），モル比熱（$c\,[\mathrm{J/(K \cdot mol)}]$），定積モル比熱（$c_V\,[\mathrm{J/(K \cdot mol)}]$），定圧モル比熱（$c_p\,[\mathrm{J/(K \cdot mol)}]$），熱伝導，熱伝導率（$\kappa\,[\mathrm{W/(m \cdot K)}]$），表面熱伝導率（$\alpha\,[\mathrm{W/(m^2 \cdot K)}]$），熱力学第1法則，仕事（$W\,[\mathrm{J}]$），$pV$線図，準静的過程，定積過程，定圧過程，等温過程，断熱過程，比熱比（$\gamma = c_p/c_V$）

18世紀には，熱は物質の一種と考えられたこともあった[*1]．しかし，19世紀になって，熱はエネルギーの一種であることがわかった．熱がエネルギーの一種であれば，熱が力学的エネルギーに変わったり（すなわち，熱に仕事をさせたり），逆に力学的エネルギーが熱に変わることも可能である．この章では，熱の単位や比熱など，熱に関する基礎的なことがらを身に付けた後，熱力学第1法則，すなわち，熱を含めて成り立つエネルギー保存則について学ぼう．

10.1 熱　学

　この節では，力学的現象が起こらず，熱（熱量）の授受だけが起こる場合を考えよう．

●10.1.1● 熱　量

　熱はエネルギーの一種なので，単位としてジュール［J］を用いる．他に**カロリー**（calorie）［cal］もよく用いられる．もともとは，1 g の水を 1℃ 上昇させるのに必要な熱量を 1 カロリーと定義した．しかし，その熱量は温度にわずかながら依存して変化する．そこ

[*1] 熱素説：元素と同様，熱素というものが存在し，物質間を移動すると思われていた．しかし熱素説では，力学的エネルギーが熱に変換される現象を説明することができなかった．

で現在では，カロリーを次のように定義している[*2].

$$1\,\text{cal} \equiv 4.1868\,\text{J} \quad (\text{カロリーの定義式}) \tag{10.1}$$

問題 10.1   ヒトの 1 日の消費カロリー

ヒトの 1 日の消費カロリーを 2400 kcal とするとき，その仕事率を求めなさい．また，このエネルギーにより，1 t のおもりをどのくらいの高さまで引き上げることができるか．重力加速度の大きさを 9.8 m/s² として計算しなさい．

● 10.1.2 ● 内部エネルギー

高温の物体と低温の物体を接触させると，高温の物体の温度は下がり，低温の物体の温度は上がって，やがて同じ温度になる．このとき，高温の物体から低温の物体へ熱が移動したと考える．すると，高温の物体は，低温の物体より多くのエネルギーをもっているに違いない．物体が，その内部にもっている力学的エネルギー（運動エネルギーと位置エネルギーの和）を，**内部エネルギー**（internal energy）という．

では，内部エネルギーとは何であろうか．物質は多くの分子や原子から成っている．1 mol の物質には，アボガドロ定数（$N_A \simeq 6 \times 10^{23}/\text{mol}$）個の分子や原子が含まれている．固体の場合，個々の分子や原子は束縛されているが，その位置の周りに微小振動している．気体の場合は自由に飛び回っている．液体はその中間で，互いの分子の周りを自由に移動できる．

温度が高いほど，個々の分子や原子は激しく運動している．内部エネルギーとは，それら分子や原子のもつエネルギーの総和である．内部エネルギー U [J] は，熱平衡状態が決まると定まる量，すなわち状態変数（示量変数）である．

理想気体の内部エネルギー

温度 T [K] の原子や分子の平均エネルギーは，1 **自由度**（degree of freedom）[*3] 当り $(1/2)k_B T$ [J] であることが知られている（**エネルギー等分配の法則**，principle of equipartition）[*4]．

単原子分子（例えば，ヘリウムやアルゴンなど）の理想気体を考えよう．単原子分子は x, y, z の 3 方向に自由に飛び交っている．それぞれの原子の平均エネルギーは $(3/2)k_B T$ [J]，したがって 1 mol の単原子分子のエネルギーは N_A 倍し，$N_A k_B = R$ [J/(K·mol)]（(9.14) 参照）を用いて，

$$単原子分子理想気体の内部エネルギー = \frac{3}{2}RT \text{ [J/mol]} \tag{10.2}$$

となる．

---

*2   cal と J の換算値が温度に依存することから，わずかに異なる他の変換数値もよく使われ，まぎらわしい．

*3   互いに独立なエネルギー形態の数．3 次元空間での運動エネルギーの自由度は 3（x, y, z の 3 つの方向の自由度）．1 次元のばねの振動では，運動エネルギーと位置エネルギーの 2 つの自由度がある．

*4   しかし，低温では，エネルギー等分配の法則は成り立たない．量子効果が重要になるからである．

　2原子分子の場合は，さらに2原子間の重心の周りの回転（2自由度）が加わって

$$2\text{原子分子理想気体の内部エネルギー} = \frac{5}{2}RT\ [\text{J/mol}] \tag{10.3}$$

となる．

　通常，理想気体とは単原子分子のことを指すので，内部エネルギーは（10.2）で与えられる．このように，**理想気体の内部エネルギーは温度だけの関数**となる．実在気体の内部エネルギーは，分子間の相互作用などの効果により，温度以外の変数にも依存する．

固体の内部エネルギー

　固体の内部エネルギーを担う原子や分子は，つり合いの位置の周りに x, y, z の3方向に振動している．それぞれが，位置エネルギーと運動エネルギーをもっている[*5]．すなわち，1分子（原子）当り $3 \times 2 = 6$ 個の自由度があり，$3k_{\text{B}}T$ [J] の平均エネルギーをもつ．1 mol の固体の**室温付近**での内部エネルギーは近似的に次式で与えられる．

$$\text{固体の内部エネルギー} \simeq 3RT\ [\text{J/mol}] \tag{10.4}$$

●10.1.3● 熱容量

　ある物体の温度を1 K上昇させるために必要な熱量を，**熱容量**（heat capacity）という（通常は圧力が一定の場合を考える）．熱容量の単位はJ/Kである．物体が一様な物質から成るとき，その熱容量 C [J/K] は，その質量 m [g] に比例する．

$$C = mc\ [\text{J/K}] \tag{10.5}$$

c [J/(K·g)] は単位質量当りの熱容量で，**比熱**（specific heat capacity）とよばれる[*6]．比熱は物質固有の量である（一般に，温度に依存する）．水の比熱は，cal の定義により，

$$1\,\text{cal/(K·g)} = 4.1868\,\text{J/(K·g)} \tag{10.6}$$

となる．物体の熱容量を，同じ熱容量の水の量で表すことがある．これを**水当量**（water equivalent）という．

　単位質量の代わりに，1 mol 当りの比熱，**モル比熱**もよく用いられる．表10.1に主な金属のモル比熱（定圧）を掲げる．

　（10.4）から，固体のモル比熱は $3R$ [J/(K·mol)] というデュロン‐プティの法則[*7]が導かれる．すなわち，

$$\text{固体のモル比熱} = \frac{1\,\text{mol 当りの内部エネルギーの増分}}{\text{温度差}} = \frac{dU}{dT}$$

$$\simeq 3R \simeq 24.94\ [\text{J/(K·mol)}]\quad（\text{デュロン‐プティの法則}） \tag{10.7}$$

となる．

---

　*5　ばねに付けられたおもりを思い起こそう．おもり（原子，分子）の質量と速さを m [kg]，v [m/s]，ばね定数を k [N/m]，ばねの伸びを x [m] とすると，位置エネルギーは $(1/2)kx^2$ [J]，運動エネルギーは $(1/2)mv^2$ [J] である（6.2節）．

　*6　熱の分野では，なぜかSI単位ではなく，cgs単位系がよく用いられる．ここではその伝統に従う．

　*7　P. L. Dulong と A. T. Petit が1819年に経験的に発見した法則．

実際の値も，この予言値に近い（表10.1）.

表10.1 金属のモル比熱（単位：J/(K·mol)）（国立天文台 編：「理科年表 平成29年版」（丸善出版, 2017年）による）

物質	100 K	298.15 K	400 K
アルミニウム	13.0	24.3	25.6
金	21.4	25.4	25.8
銀	20.2	25.5	25.9
銅	16.0	24.5	25.3
鉄	12.1	25.0	27.4

問題 10.2　　比熱とモル比熱

表 10.1 の値から，常温での鉄の比熱を求めなさい．ただし，鉄の原子量は 55.85 である．

液体や固体の比熱は通常 1 気圧のもと，すなわち圧力が一定のもとでの値をいう．しかしながら，気体の比熱には，体積を一定にしたときの比熱もよく使われる．また，気体の物質量は通常 mol ではかるので，モル比熱を用いる．そこで，気体の圧力が一定のときの比熱を **定圧モル比熱**（c_p [J/(K·mol)]），体積一定のときの比熱を **定積モル比熱**（c_V [J/(K·mol)]）という．

ある物質の比熱，またはモル比熱がわかっているとき，その物質の温度をある温度差だけ上げるのに必要な熱量は，

$$\text{必要な熱量} = \text{比熱} \times \text{物質量(質量，またはモル数)} \times \text{温度差} \qquad (10.8)$$

で与えられる．

例題 10.1　　熱平衡温度

温度 T_A [K] の液体 A（比熱 c_A [J/(K·g)]，質量 m_A [g]）のなかに，温度 T_B [K] の物体 B（比熱 c_B [J/(K·g)]，質量 m_B [g]）を入れて放置した．熱は他に逃げないとして，液体と物体の最終温度を求めなさい（図10.1）.

[解]　簡単のため $T_A > T_B$ [K] としよう．最終温度を T [K] とする．A が失った熱量は $m_A c_A (T_A - T)$ [J]，B が受けとった熱量は $m_B c_B (T - T_B)$ [J]．この 2 つの熱量は等しいので，T [K] について解いて，

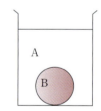

図 10.1　熱平衡温度

$$T = \frac{m_A c_A T_A + m_B c_B T_B}{m_A c_A + m_B c_B} \ [\text{K}] \qquad (10.9)$$

を得る．この (10.9) は，T_A [K] と T_B [K] の大小関係によらず成り立つ．

●10.1.4●　潜　熱

物質を加熱して固体から液体になるとき，あるいは液体から気体になるとき，温度は一定

のままで熱量だけが費やされる．これは，固体から液体，あるいは液体から気体になるとき，物質の原子や分子が，より自由に動けるようにエネルギーを必要とするからである．このように，相転移のために必要な熱量を**潜熱**（latent heat）という．潜熱は物質量に比例するので，通常は単位質量（または mol）当りの熱量をいう．融解するときの潜熱を**融解熱**（heat of fusion），その逆を凝固熱，気化するときの潜熱を**気化熱**（heat of vaporization），その逆を凝縮熱という（表 10.2）．融解熱と凝固熱，気化熱と凝縮熱はそれぞれ等しい．

表 10.2 融解点，沸点と潜熱（国立天文台 編：「理科年表 平成 29 年版」（丸善出版，2017 年）による．ただし潜熱は除く．）

物質	融解点 （℃）	融解熱 （cal/g）	沸点 （℃）	気化熱 （cal/g）
水	0	79.7	100	539
エチルアルコール	−114.5	24.9	78.3	204
水銀	−38.8	2.8	357	65

●10.1.5● 熱　伝　導

物体内，あるいは物体間に温度差があると，熱の移動が起こる．移動の仕方には，**熱伝導**（thermal conduction），**対流**（convection），**熱放射**（thermal radiation）の 3 種類がある．対流は流体自身の動きで，熱放射は電磁波によって熱の授受が行われる．ここでは，物体中あるいは境界面を通して熱が授受される熱伝導について考えよう．

熱伝導率

板の両面での温度差を一定に保つときに流れる熱量は，板の面積，温度差，時間に比例し，板の厚さに反比例する．これを式に書こう．厚さ l [m]，断面積 A [m^2] の一様な板の片面の温度を T_2 [K]，もう一方の面の温度を T_1 [K]（$T_2 > T_1$ [K]）に保つ．このとき，単位時間に流れる**熱流量**（heat flow rate）$\dot{Q}$ [W] は，

$$\dot{Q} = \kappa A \frac{T_2 - T_1}{l} \ [\mathrm{W}] \tag{10.10}$$

と表される[*8]．κ [W/(m·K)] を**熱伝導率**（thermal conductivity）という．l [m] を微小長さ dx [m] とすると，$+x$ 方向への流れを正として（10.10）は次のように書ける．

$$\dot{Q} = -\kappa A \frac{dT}{dx} \ [\mathrm{W}] \tag{10.11}$$

表 10.3 熱伝導率（κ [W/(m·K)]）（国立天文台 編：「理科年表 平成 29 年版」（丸善出版，2017 年）による）

物質	−100℃	0℃	100℃	物質	常温
金	324	319	313	アクリル	0.17 〜 2.25
銀	432	428	422	紙	0.06
銅	420	403	395	ソーダガラス	0.55 〜 0.75
鉄	99	83.5	72	コルク	0.04 〜 0.05

[*8]　$\dot{Q}$ [W] の記号は，単に Q [J] と区別するために用いた．一般に $\dot{Q} \equiv dQ/dt$ [W]（時間微分）を表す．

ここで負符号は，温度勾配の逆向きに（温度の高い方から低い方に）熱が流れるからである．表 10.3 に，主な物質の熱伝導率を掲げる．

冷却の法則

温度 T [K] の物体が，温度 T_0 [K] の液体や気体などの媒質中に置かれているとしよう．物体は，その表面を通して周りの媒質と熱の授受を行う．

ニュートン[*9] は，単位時間当りの熱流量 $\dot{Q}$ [W] が，表面積 A [m²] と温度差 $(T - T_0)$ [K] の積に比例するとした．

$$\dot{Q} = \alpha A(T - T_0) \,[\mathrm{W}] \quad \text{（ニュートンの冷却の法則）} \tag{10.12}$$

α [W/(m²·K)] は**表面熱伝導率**（surface heat conductivity）とよばれる．

10.2　熱力学第 1 法則

この節では，熱が力学的エネルギーに，または，力学的エネルギーが熱に変わる現象を扱おう．そこでは，熱を含めたエネルギー保存則が成り立ち，それを熱力学第 1 法則としてまとめる．私たちは熱機関のはたらきによって文明を享受している．**熱機関**とは，**作業物質**（working material）に熱を与え，熱を仕事に変える機関である．気体は，熱膨張率が大きいため，より効率的に外へ仕事をすることができる．そのため，作業物質として気体がよく用いられる．

以後の議論では，気体は理想気体であると仮定することにする．

● 10.2.1 ●　過　程

ある状態から別の状態へ移行するときの経路（道筋）を，**過程**（change，または process）という．熱力学では，常に熱平衡を保ちつつ変化する過程，**準静的過程**（quasi - static change）を扱う．実際の熱機関では，近似的にこの仮定が成り立っていると考え，熱力学的に解析できる．

pV 線図

縦軸を p [Pa]，横軸を V [m³] とした平面図を，**pV 線図**（pV line diagram）という．一般に熱平衡状態は，物質量を固定した場合，p [Pa] と V [m³] の 2 つを与えると一意的に決まる．すなわち，熱平衡状態は pV 線図上の一点として表される[*10]．また，過程は pV 平面上の曲線として表される．

いま，圧力が p_0 [Pa]，体積が V_0 [m³] の n [mol] の理想気体を考えよう．まず，この状態（A とする）から別の状態（B）に移ったとしよう．この変化で，圧力は増えたのか減ったのか，体積や温度はどうか，内部エネルギーの変化はどうなるのか．これらの質問には，

　[*9]　Newton, Isaac（イギリス，1643 - 1727）：1701 年の研究．重力や力学での活躍で有名だが，光学，熱学分野でも活躍した．

　[*10]　系が熱平衡状態でないと，系の内部では，いろいろな圧力や温度の状態が混在しているので，pV 線図上の 1 点では表せない．

点Bが点Aに対してpV平面上のど
こにあるかで決まり，それは図10.2
の通りである．すなわち，点Bが，
点Aを通る水平な線（圧力＝一定の
線）より上にあれば加圧，下にあれば
減圧である．同様に，点Bが，点A
を通る垂直な線（体積＝一定の線）

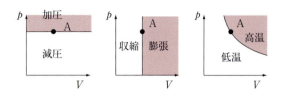

図10.2　点Aを出発点としたpV線図上の2つ
の領域

より右にあれば膨張，左にあれば収縮である．

　温度はどうであろうか．等温曲線はpV＝一定の線であるから，図10.2右のように，点
Bが，点Aを通る双曲線より上にあれば温度は上昇したし，下にあれば温度は下がったこ
とになる．理想気体では，内部エネルギーは温度だけの関数なので，温度が上がれば内部エ
ネルギーも増えたことになる．したがって，作業物質に注目して，内部エネルギーが増えた
か減ったかについても，図10.2右の曲線より上に行ったか，下に行ったかに対応する．

●10.2.2● 熱力学第1法則の定式化

　ある熱機関が，ある過程を行って，熱Q[J]を受けとり，仕事W[J]を外部にしたと
しよう．内部エネルギーを用いると，エネルギー保存則は次のように書ける．

$$U_2 = U_1 + Q - W \, [\text{J}] \tag{10.13}$$

すなわち，始めU_1[J]だった内部エネルギーが，熱Q[J]を受けとってその分だけ増加
し，外部に仕事W[J]をした分だけ減って，U_2[J]になったのである．$\Delta U = U_2 - U_1$
[J]として，

> 内部エネルギーの増分 ＝ 外部から吸収した熱量 － 外部へした仕事
>
> $\Delta U = Q - W \, [\text{J}]$　（熱力学第1法則）
$$\tag{10.14}$$

が成り立つ．（10.14）を**熱力学第1法則**（the first law of thermodynamics）という．ΔU
[J]，Q[J]，W[J]は，それぞれ符号をもつ．例えば，$W < 0$のときは，外から仕事を
されたことを表す．

仕事の表式

　図10.3のように，ピストン付きの容器のなかに気体が
入っている．一定の圧力P[Pa]のもとでピストンを移動
させて，体積をΔV[m³]だけ増加させたとき，容器内の
気体が外部に対してなした仕事は次式で与えられる．

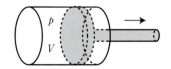

図10.3　ピストンと仕事

$$W = p\Delta V \, [\text{J}] \tag{10.15}$$

　仕事W[J]が$p\Delta V$[J]と書ける理由を考えよう．ピストンの断面積をA[m²]としよ
う．$p\Delta V = (pA)(\Delta V/A) = F\Delta x$[J]と変形すれば，その理由が理解できるであろう．こ
こで，F[N]は面に垂直にはたらく力，Δx[m]はピストンの移動距離である．すなわち，

$p\Delta V$ [J] は「力 × 移動距離」である．また，(10.15) は，**状態量でない W [J] が状態変数で表せたことを示している．**

次に，仕事が pV 平面上でどのように表されるかを見てみよう．

･･

例題 10.2　　**仕事と pV 線図**

pV 線図上で，図 10.4 左のように，C を通る曲線に沿って状態 A から B に変化するとき，系が外部に対してなす仕事 W_{AB} [J] が次式で与えられることを示しなさい．

$$W_{AB} = \int_{V_{A(C)}}^{V_B} p\,dV \ [\text{J}] \tag{10.16}$$

また，仕事は状態量ではないこと，すなわち，積分経路によることを示しなさい．

［解］ (10.15) で微小変化を考えたとき，微小仕事は $dW = p\,dV$ [J] で与えられる．これを，C を通る曲線に沿って，V_A [m³] から V_B [m³] まで積分すればよい．よって (10.16) を得る．この積分の値は，図 10.4 左の斜線部の面積に等しい[*11]．

この積分値（W_{AB} [J]）が道筋によることは，次のように明らかである．状態 A から B へ行く方法はいろいろあり，例えば，図 10.4 右で道筋 ACB の代わりに道筋 AC′B を選ぶと，仕事 $W_{AB}′$ [J]（斜線部分）は W_{AB} [J] に比べて面積 ACBC′A の分だけ小さいことから，積分経路によることがわかる．

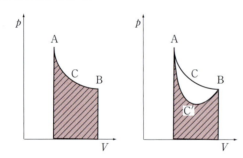

図 10.4　pV 平面上での仕事

･･

このように，仕事は状態量ではなく，過程（通る道筋）によって異なる量である．すると，熱力学第1法則（(10.14) 参照）により，熱量も過程に依存する量であることがわかる．そうでないと，熱量と仕事の差が状態量の差にはならない．

●10.2.3●　主 な 過 程

熱力学でよく扱う過程について考えよう．

定積過程

体積を一定に保ったまま行う変化を，**定積過程**（または定容過程，isovolume process）

───────────────

*11　このように，pV 線図において，p [Pa] を縦軸，V [m³] を横軸にとる理由は，曲線と横軸との間の面積が仕事に等しいからである．

という．体積は変わらないのだから，外にした仕事はゼロである．熱力学第1法則
（（10.14）参照）と（10.15）から，

$$W = 0, \quad \Delta U = Q \, [\text{J}] \quad \text{（定積過程）} \tag{10.17}$$

となり，この場合は，系が吸収した熱量だけ内部エネルギーが増加する．

定積過程により，$n \, [\text{mol}]$ の理想気体の温度が $\Delta T \, [\text{K}]$ だけ上昇したとすると，吸収した
熱量 $Q \, [\text{J}]$ は以下のように求まる．

$$Q = nc_V \Delta T \, [\text{J}] \quad \text{（定積過程で吸収した熱量）} \tag{10.18}$$

■■

例題 10.3　　**定積過程での熱量**

体積が $V_0 \, [\text{m}^3]$ で $n \, [\text{mol}]$ の理想気体が，体積一定のまま，圧力 $p_0 \, [\text{Pa}]$ から p_1
$[\text{Pa}]$ まで加圧された．このとき気体が吸収した熱量を求めなさい．ただし，定積モル
比熱を $c_V \, [\text{J}/(\text{K} \cdot \text{mol})]$，気体定数を $R \, [\text{J}/(\text{K} \cdot \text{mol})]$ とする．

[解]　始めの温度を $T_0 \, [\text{K}]$，終わりの温度を $T_1 \, [\text{K}]$ とすると，$T_0 = p_0 V_0 / nR \, [\text{K}]$，
$T_1 = p_1 V_0 / nR \, [\text{K}]$ である．（10.18）に代入して，加えた熱量 $Q \, [\text{J}]$ は次のように求まる．

$$Q = nc_V(T_1 - T_0) = \frac{c_V V_0 (p_1 - p_0)}{R} \, [\text{J}] \tag{10.19}$$

■■

定圧過程

定圧過程（isobar process），すなわち，圧力（$p \, [\text{Pa}]$）が一定の過程を考えよう[*12]．体
積が $V_1 \, [\text{m}^3]$ から $V_2 \, [\text{m}^3]$ へ変化すれば，外へした仕事は（10.16）のように積分となり，

$$W = \int_{V_1}^{V_2} p \, dV = p(V_2 - V_1) \, [\text{J}] \quad \text{（定圧過程で外へした仕事）} \tag{10.20}$$

である．定圧過程により，$n \, [\text{mol}]$ の理想気体の温度が $\Delta T \, [\text{K}]$ だけ上昇したとすると，吸
収した熱量 $Q \, [\text{J}]$ は定圧モル比熱を $c_p \, [\text{J}/(\text{K} \cdot \text{mol})]$ として，

$$Q = nc_p \Delta T \, [\text{J}] \quad \text{（定圧過程で吸収した熱量）} \tag{10.21}$$

となる．（10.14）から定圧モル比熱は，定積モル比熱より大きいことがわかる．

● 発展的事項：エンタルピーとマイヤーの関係式

定積過程では，$\Delta U = Q = nc_V \Delta T \, [\text{J}]$ であり，$U \, [\text{J}]$ は温度 $T \, [\text{K}]$ だけの関数だか
ら，

$$U(T) = nc_V T + U_0 \, [\text{J}] \quad \text{（理想気体の内部エネルギー）} \tag{10.22}$$

となる．ここで，$U_0 = U(0) \, [\text{J}]$ である．

一方，定圧過程では，（10.14）と（10.15）から

$$Q = \Delta(U + pV) \equiv \Delta H \, [\text{J}] \quad \text{（定圧過程）} \tag{10.23}$$

[*12]　一般の化学反応などでは，1気圧下での変化をよく扱う．そこでは，定圧過程が重要である．

と書ける．ここで $H \equiv U + pV$ [J] は**エンタルピー**[13] (enthalpy：熱関数) とよばれ，U [J]，p [Pa]，V [m³] のいずれも状態変数であるから，H [J] も状態変数（示量変数）である．エンタルピーは，定圧過程（例えば 1 気圧下での変化）などの熱現象を扱うときに便利な変数である．特に化学変化などでよく使われる．

　次に，**マイヤー**[14] の関係式，

$$c_p = c_V + R \ [\text{J}/(\text{K}\cdot\text{mol})] \tag{10.24}$$

を導こう．

　モル比熱を扱うので，1 mol の理想気体について考えればよい．圧力 ＝ 一定のもとで，(10.23) と $V = RT/p$ [m³] から

$$c_p = \lim_{\Delta T \to 0} \frac{Q}{\Delta T} = \lim_{\Delta T \to 0} \left(\frac{\Delta U}{\Delta T} + p \frac{\Delta V}{\Delta T} \right) = c_V + R \ [\text{J}/(\text{K}\cdot\text{mol})] \tag{10.25}$$

となり，導かれた．

等温過程

　温度を一定に保ちつつ，膨張または収縮させる過程を，**等温過程**（isothermal process）という．

例題 10.4　**等温膨張での仕事と熱**

　ピストン付きの容器のなかに，n [mol] の理想気体が入っている．この系を，一定温度 T_0 [K] のまま，体積 V_A [m³] から V_B [m³] まで膨張させた．このとき，系が外部にした仕事 W [J] および，系が外部から吸収した熱量 Q [J] を求めなさい．ただし，気体定数を R [J/(K·mol)] とする．

[解]　系がした仕事は，$p = nRT_0/V$ [Pa] を用いて，

$$W = \int_{V_A}^{V_B} p \, dV = \int_{V_A}^{V_B} \frac{nRT_0}{V} \, dV = nRT_0 \ln\left(\frac{V_B}{V_A} \right) \ [\text{J}] \tag{10.26}$$

となる[15]．

　等温過程の場合は，理想気体の内部エネルギーは変わらないから，熱力学第 1 法則（(10.14) 参照）により $Q = W$ [J]，すなわち

$$Q = W = nRT_0 \ln\left(\frac{V_B}{V_A} \right) \ [\text{J}] \quad (\text{等温過程}) \tag{10.27}$$

を得る．

---

*13　a にアクセントがある．後に定義されるエントロピーとまぎらわしい．

*14　Mayer, J. R.（ドイツ，1814 – 1878）：医師，物理学者．熱帯地方の患者の静脈血が，寒冷地の患者のそれに比べて鮮やかな赤色であることから，運動と熱の相互変換に気付き，熱を含めたエネルギーの保存則に思い至った．

*15　ここで，$\ln X \equiv \log_e X$ である．この積分に関しては，数学での積分公式を参照のこと．

断熱過程

熱の出入り無しに行う変化を，**断熱過程**（adiabatic process）という．理想気体での断熱過程では，ポアッソン[*16]の式が成り立つ．

$$pV^\gamma = 一定 \quad （ポアッソンの式） \tag{10.28}$$

ここで $\gamma \equiv c_p/c_V$ は**比熱比**である．

● **発展的事項：ポアッソンの式の導出**

熱力学第1法則（(10.14) 参照）は，$Q = 0$ より

$$\Delta U + p\Delta V = 0 \,[\mathrm{J}] \quad （断熱過程） \tag{10.29}$$

と書ける．(10.29) に $p = nRT/V\,[\mathrm{Pa}]$ を代入し，微小変化を考えて Δ を微分記号 d に変える（無限小極限をとる）と[*17]次式が得られる．

$$nc_V\,dT + \frac{nRT}{V}\,dV = 0 \tag{10.30}$$

マイヤーの関係式 $R = c_p - c_V\,[\mathrm{J/(K\cdot mol)}]$ を代入し，両辺を $nc_V T\,[\mathrm{J}]$ で割って積分すると

$$\ln T + (\gamma - 1)\ln V = 一定，\quad すなわち \quad TV^{\gamma-1} = 一定 \tag{10.31}$$

が得られる．さらに，$T = pV/(nR)\,[\mathrm{K}]$ を代入して (10.28) を得る（理想気体では $\gamma \equiv c_p/c_V = 5/3$ である）．

（**問題 10.3**） **断熱過程での $p\,[\mathrm{Pa}]$ と $T\,[\mathrm{K}]$ の関係**

断熱過程では，$p\,[\mathrm{Pa}]$ と $T\,[\mathrm{K}]$ の間に，次の関係が成り立つことを示しなさい．

$$T \propto p^{R/c_p} \quad （断熱過程） \tag{10.32}$$

（**問題 10.4**） **4つの過程の pV 線図．熱，仕事，内部エネルギー変化**

理想気体が，ピストン付きの容器に封入されている．次の過程を pV 線図上に描きなさい．また，それぞれの過程での，外からの熱量，外への仕事，内部エネルギーの変化分を求めなさい．ただし，始めの状態の圧力は $p_0\,[\mathrm{Pa}]$，体積は $V_0\,[\mathrm{m}^3]$，温度は $T_0\,[\mathrm{K}]$ であったとし，気体定数を $R\,[\mathrm{J/(K\cdot mol)}]$，定積モル比熱，定圧モル比熱を，それぞれ $c_V\,[\mathrm{J/(K\cdot mol)}]$，$c_p\,[\mathrm{J/(K\cdot mol)}]$ とする．

（1） 体積一定のまま加熱したところ，圧力が $p_1\,[\mathrm{Pa}]$ になった．

（2） 圧力を一定にして膨張させて $V_2\,[\mathrm{m}^3]$ にした．

（3） 温度一定のまま膨張させて $V_2\,[\mathrm{m}^3]$ にした．

（4） 断熱膨張させて V_2 にした．ただし，断熱過程では $pV^\gamma = 一定\,(\gamma = c_p/c_V)$ が成り立つ．

[*16] Poisson, Siméon D.（フランス，1781 – 1840）：量子論につながるポアッソン括弧，弾性論のポアッソン比，ポアッソン方程式など，広い分野で名を残している．

[*17] (10.30) は，独立変数として T と V の2つの変数が変化したときの式であり，dT の係数は $V = $ 一定のときの変化を意味する．そのため，nc_p とならず，$nc_V = \left(\dfrac{\partial U}{\partial T}\right)_V$ を用いる．

問題 10.5　始状態と終状態を共有する 3 つの過程

始めの点（圧力が p_0 [Pa]，体積が V_0 [m³]，温度が T_0 [K]）から，終わりの点（体積が V_1 [m³]（$V_1 > V_0$），温度が T_0 [K]）へ，次の 3 つの過程で移行する．（a）まず定圧過程，次に定積過程，（b）等温過程，（c）まず定積過程，次に定圧過程．これについて次の問いに答えなさい．

（1）（a）～（c）の過程を pV 線図に描きなさい．

（2）（a）～（c）の過程での外への仕事，吸収した熱量，内部エネルギー変化を求めなさい．

● 10.2.4 ●　サイクルと第1種永久機関

いくつかの過程の後，もとの状態に戻る過程を**サイクル**（cycle）という．熱機関では，同じ動作（例えばピストン運動）を繰り返して熱を仕事に変えている．

例題 10.5　サイクル過程における仕事と熱

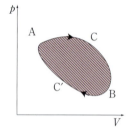

図 10.5 のように状態 A から始まり，C，B，C′ を通って，また A に戻るサイクル過程を考える．このとき，系が吸収した熱量 Q [J] と，系が外部に対してした仕事 W [J] との間の関係を求めなさい．

[解]　サイクル過程では同じ状態に戻るので，(10.14) で左辺の ΔU はゼロ，したがって，

$$Q = W \text{ [J]}　（サイクル過程）\qquad (10.33)$$

である．サイクル過程では，系が 1 サイクルの間に吸収した正味の熱量 Q [J] の分だけ外部へ仕事をすることになる．

図 10.5　仕事（pV 線図上での面積）

その仕事量は，pV 線図上で囲まれた面積 ACBC′ A（斜線部分）に等しい．

エネルギー源無しに，仕事をし続けてくれる機械があれば素晴らしい．エネルギー問題は一挙に解決する．そのような機関を**第1種永久機関**（perpetual mobile of the first kind）という．この機関は，外部からエネルギー（熱を含む）の供給無し（$Q = 0$）に運転し，外部に対して永久に仕事をし続けてくれる（$W > 0$）機関である．そのような機関は，1 サイクルにおける熱力学第 1 法則の帰結である (10.33) に矛盾し，その存在は否定される．

過去に，さまざま，かつ巧妙な「永久機関」が考案されたが，もちろん，それらは永久機関ではなかった．

第11章
熱力学第2法則

学習目標
- 熱力学第2法則の制限と，その意味を理解する．
- 実用的ではないが，重要なカルノーサイクルを理解し，その熱効率が，2つの熱源の間ではたらく熱機関のなかにおいて，最大であることなどを納得する．併せて，可逆，不可逆過程の違いとその条件を頭に入れる．
- 実際の熱機関も，模式的ながら熱力学的に解析できることを知る．

キーワード
可逆性，不可逆性，熱力学第2法則，熱源，第2種永久機関，カルノーサイクル，熱効率（η）

　自然界の時間の流れの向きと密接な関係をもつ，熱力学第2法則について学ぶ．実用にはならないが，熱力学第2法則を確立する上で重要な役割を果たしたカルノーサイクルを理解しよう．さらに，実用面で活躍するエンジンのいくつかについて，熱力学的に見てみよう．

11.1　熱力学第2法則の表現とその意味

　熱力学第1法則は，過程の前後において，熱を含めたエネルギー保存則が成り立つことを主張している．ところが，熱力学の法則はそれだけでは済まない．この節では，さらなる制限とその意味について学ぼう．

● 11.1.1 ● 可逆過程と不可逆過程

　自然界では，時間は一方向にしか流れない．熱力学現象のなかにも，一方向だけの過程があり，その過程では時計を逆回しした過程は起こらない．例えば，摩擦によって，力学的エネルギーが熱に変わる現象は日常よく経験する．しかし，その現象を撮影したビデオを逆回ししたようなプロセス，すなわち，物体が周りの熱を奪いとって動き出すということは起こらない．

　ある過程において，時間の向きを逆にしたような過程が自然界では起こらないとき，このような過程を**不可逆過程**（irreversible process）という．逆過程も起こる場合は**可逆過程**（reversible process）という．**準静的過程は，定義により可逆過程である**．このようなこと

をまとめたのが熱力学第 2 法則である.

●11.1.2● 熱力学第 2 法則の表現

熱力学第 2 法則では,時間の流れの向きが本質的に重要で,自然界で起こりうる変化と起こりえない変化とを区別する.**熱力学第 2 法則**(the second law of thermodynamics)は,原理として与えられる.

まず,**熱源**(heat source)を定義しよう.熱源とは,いくら熱をとり出したり吸収したりしても温度が一定のままである熱の供給(吸収)源のことである[*1].

熱力学第 2 法則の表現の 1 つは,次のようになる.

熱力学第 2 法則の 1 つの表現

1 つの熱源から正の熱を受けて,それをすべて仕事に変えて,外に対して正の仕事を行うサイクルは存在しない.

---

1 つの熱源からの熱をすべて仕事に変えて繰り返し作動する熱機関を,**第 2 種永久機関**(perpetual mobile of the second kind)という.11.3 節で熱効率を定義するが,第 2 種永久機関は熱効率が 1 の熱機関といえる.すなわち,熱力学第 2 法則は,第 2 種永久機関の存在を否定する.第 2 種永久機関が可能ならば,「無尽蔵」に存在する海水や大気から熱をもらい,それを仕事に変えることができ,エネルギー問題は一挙に解決するだろう.

熱力学第 2 法則の他の 2 つの表現

上の表現は**オストワルド**(Ostwald)**の原理**という.この他の表現として,トムソンの原理とクラウジウスの原理がある.

トムソン(Thomson)の原理

仕事が熱に変わる現象は,それ以外に何の変化も残らない場合,不可逆過程である.

▪▪

例題 11.1   トムソンの原理とオストワルドの原理の同等性

上記 2 つの原理は,同等であることを示しなさい.

[解] トムソンの原理が正しくないとすると,その逆の現象,熱をすべて仕事に変えて,それ以外に,何の変化も残さない熱機関が存在することになる.これは,オストワルドの原理に違反する.その逆に,オストワルドの原理を否定すると,熱をすべて仕事に変える熱機関が存在することになる.これは,トムソンの原理の逆過程が存在することになり,トムソンの原理に違反するので,2 つの原理は同等である.

▪▪

---

*1 電気での,定電圧電源に相当する.定電圧電源からは,電圧が一定のまま,いくらでも電流をとり出せる.

クラウジウス（Clausius）の原理

　低温の物体から高温の物体へ正の熱量が移り，それ以外何の変化も起こさないことは，不可能である．

　トムソンの原理とクラウジウスの原理では，時間の流れの向きが本質的に重要である．すなわち，熱いコーヒーが室温で冷めることはあっても，逆に室温の部屋の空気から熱をもらって，冷めたコーヒーが熱くなるということは起こらない．空調機での暖房は，電力などに仕事をさせることによって，外気より室内の温度を高めているのである．

　これら2つの原理は同等である（11.2節の発展的事項を参照）．

例題11.2　摩擦の不可逆性

　摩擦を伴う変化は不可逆過程であることを証明しなさい．

　[解]　摩擦現象は，物体が仕事をして熱を発生する現象である．これはトムソンの原理により，不可逆変化である．

11.2　カルノーサイクル

　オストワルドの原理によれば，**サイクルを行うには2つ以上の熱源が必要**である．すなわち，サイクルは，高温熱源から熱をもらい，その一部を仕事に変え，余った熱（どうしても使えない熱）を低温熱源に吸収してもらうことで，サイクルを完成させることができる[*2]．

　そこで2つの熱源（高温と低温）を用意し，その間で熱の授受をして仕事をするサイクルを考えよう．加熱して外に仕事をさせるためには，**作業物質**[*3]（work material）として気体を使うのが効率がよい．熱膨張率が大きいからである．

　その1つが**カルノー**[*4]**サイクル**である．図11.1のようにピストン付きの容器内に，作業物質として理想気体を封入し，準静的に次のサイクルをさせる．

　（1）　A→B：高温の熱源（温度 T_H [K]）より熱 Q_H [J] を吸収し，等温膨張する（温度：

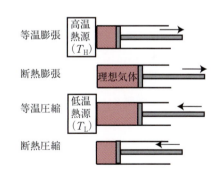

図11.1　カルノーサイクルの
　　　　4つの過程

---

　*2　余った熱は大気に捨てればよいと考えるかも知れない．しかし，大気が熱ければ，熱を捨てるどころではない．すなわち，大気に捨てている場合は，大気を低温熱源として利用しているのである．

　*3　熱機関では，作業物質が熱を吸収し，外に仕事をしている．

　*4　Carnot, Nicolas N. Sadi（フランス，1796 - 1832）：カルノーサイクルなどについての考察は，1824年に出版された．コレラに罹っての死後（36歳），1848年にケルビン，1850年にクラウジウスがこれらの重要性を再認識した．

$T_{\mathrm{H}} = $ 一定 [K]，体積：$V_{\mathrm{A}} \to V_{\mathrm{B}}$ [m³]．

（2）　B→C：断熱膨張する（温度：$T_{\mathrm{H}} \to T_{\mathrm{L}}$ [K]，体積：$V_{\mathrm{B}} \to V_{\mathrm{C}}$ [m³]）．

（3）　C→D：低温の熱源（温度 T_{L} [K]）へ熱 Q_{L} [J] を放熱し，等温圧縮する（温度：$T_{\mathrm{L}} = $ 一定 [K]，体積：$V_{\mathrm{C}} \to V_{\mathrm{D}}$ [m³]）．

（4）　D→A：断熱圧縮する（温度：$T_{\mathrm{L}} \to T_{\mathrm{H}}$ [K]，体積：$V_{\mathrm{D}} \to V_{\mathrm{A}}$ [m³]）．

図 11.2 左は，このサイクルを pV 線図に表したものである．1サイクルの間に外部へした仕事 W [J] は，(10.33) により次のように求まる．

$$W = Q_{\mathrm{H}} - Q_{\mathrm{L}} \ [\mathrm{J}] \tag{11.1}$$

図 11.2 右は，カルノー熱機関を図示したものである．すなわち，1サイクルの間に高温熱源から Q_{H} [J] の熱を吸収し，低温熱源に Q_{L} [J] を放出して，その差 W [J] だけ外に仕事をしてもとに戻る．

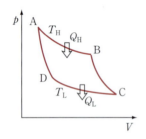 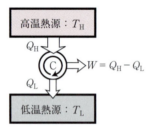

図 11.2　カルノーサイクル（（左）pV 線図，（右）模式図）

●11.2.1● 熱 効 率

熱機関の**熱効率**（heat efficiency）η を次のように定義する．

$$\text{熱効率}\ \eta \equiv \frac{\text{外へした仕事}}{\text{系が熱源から吸収した正の熱量}} \tag{11.2}$$

熱効率は，熱源から吸収した正の熱エネルギーを，どれだけ有効に仕事に変換できたかを表す指標である．この観点から考えると，**第1種永久機関の熱効率は無限大**となる．エネルギー源無しに，外に仕事をし続けてくれる熱機関だからである．また，**第2種永久機関は熱効率が1の機関**といえる．

カルノーサイクルの場合は，次の値となる．

$$\eta = \frac{W}{Q_{\mathrm{H}}} = \frac{Q_{\mathrm{H}} - Q_{\mathrm{L}}}{Q_{\mathrm{H}}} = 1 - \frac{Q_{\mathrm{L}}}{Q_{\mathrm{H}}} \tag{11.3}$$

例題 11.3　**カルノーサイクルの熱効率**

理想気体を作業物質とするカルノーサイクルにおいて，2つの熱源の温度と熱量の間の関係，

$$\frac{Q_{\mathrm{L}}}{T_{\mathrm{L}}} = \frac{Q_{\mathrm{H}}}{T_{\mathrm{H}}} \ [\mathrm{J/K}] \tag{11.4}$$

を示しなさい．この関係から，熱効率 η が2つの熱源の温度だけで決まり，

$$\eta = \frac{T_{\mathrm{H}} - T_{\mathrm{L}}}{T_{\mathrm{H}}} = 1 - \frac{T_{\mathrm{L}}}{T_{\mathrm{H}}} \tag{11.5}$$

となることを示しなさい.

[**解**] (10.27) により

$$Q_{\mathrm{H}} = nRT_{\mathrm{H}} \ln\left(\frac{V_{\mathrm{B}}}{V_{\mathrm{A}}}\right) [\,\mathrm{J}\,], \qquad Q_{\mathrm{L}} = nRT_{\mathrm{L}} \ln\left(\frac{V_{\mathrm{C}}}{V_{\mathrm{D}}}\right) [\,\mathrm{J}\,] \tag{11.6}$$

である. ここで断熱変化の (10.31) を用いると

$$\left(\frac{V_{\mathrm{C}}}{V_{\mathrm{B}}}\right)^{\gamma-1} = \left(\frac{T_{\mathrm{H}}}{T_{\mathrm{L}}}\right) = \left(\frac{V_{\mathrm{D}}}{V_{\mathrm{A}}}\right)^{\gamma-1} \tag{11.7}$$

の関係がある.(なお,使用した文字は,本節のカルノーサイクルの解説で用いられたものに準じた.)

よって,

$$\frac{V_{\mathrm{B}}}{V_{\mathrm{A}}} = \frac{V_{\mathrm{C}}}{V_{\mathrm{D}}} \tag{11.8}$$

となり,(11.6) より $Q_{\mathrm{L}}/T_{\mathrm{L}} = Q_{\mathrm{H}}/T_{\mathrm{H}}$ [J/K] となって,

$$\eta = \frac{Q_{\mathrm{H}} - Q_{\mathrm{L}}}{Q_{\mathrm{H}}} = \frac{T_{\mathrm{H}} - T_{\mathrm{L}}}{T_{\mathrm{H}}} \tag{11.9}$$

となる. 熱効率は,2 つの熱源の温度の比 $T_{\mathrm{L}}/T_{\mathrm{H}}$ によって決まり,その値が小さいほど熱効率が大きいことがわかる.

●11.2.2● カルノーサイクルの可逆性

カルノーサイクルは準静的変化のため,逆回しも可能である. すなわち可逆サイクルである. 逆カルノーサイクルはヒートポンプ(heat pump,外部からの仕事により,低温熱源から高温熱源に熱を汲み上げる機関)となる(図11.3).

カルノーサイクルは 2 つの熱源が与えられたとき,最大効率をもつサイクルである(例題 11.3).カルノーサイクルが実用的でないのは,準静的過程なので,1 サイクルに無限の時間がかかることである. 特に,等温過程に時間がかかる. しかし,カルノーサイクルは熱力学的に重要なサイクルである. 例えば,それを用いて,トムソンの原理とクラウジウスの原理の同等性などを証明できる[*5].

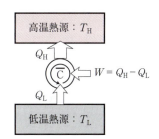

図 11.3 逆カルノーサイクル

●発展的事項:トムソンの原理とクラウジウスの原理の同等性の証明

まず,トムソンの原理が成り立つとしよう. クラウジウスの原理が正しくないとする

[*5] 次の発展的事項では,厳密には,オストワルドの原理とクラウジウスの原理の同等性を議論している. しかしながら,トムソンの原理と,オストワルドの原理が同等なので問題ない.

と，トムソンの原理（オストワルドの原理）に矛盾することを導こう．クラウジウスの原理を否定すると，低温の物体から高温の物体へ熱量（Q_L[J] > 0）を移し，それ以外に変化を残さない機関が存在することになる（C1とよぶ）．図11.4のように，カルノーサイクルとともに稼動させると，1つの熱源（高温）から $Q_H - Q_L > 0$ J の熱をすべて仕事に変える機関ができる．これはトムソンの原理に反する．

　次にクラウジウスの原理が成り立つとして，トムソンの原理を否定してみよう（その機関をThとよぶ）．Thは，高温熱源から正の熱（$Q_H - Q_L > 0$ J とする）を受けとり，それをすべて仕事に変えるサイクルである．これを図11.5のように，逆カルノーサイクルと一緒にはたらかせることにより，低温熱源から高温熱源に $Q_L > 0$ の熱を移動させる機関がつくられたことになる．これは，クラウジウスの原理に反する．よって，トムソンの原理とクラウジウスの原理は同等である．

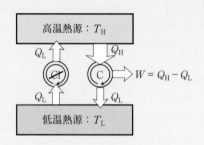

図11.4 トムソンの原理から
クラウジウスの原理を導出

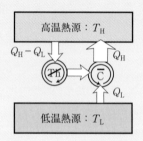

図11.5 クラウジウスの原理か
らトムソンの原理を導出

熱力学的温度

　SI単位における7つの基本単位の1つが，**熱力学的温度**（thermodynamical temperature）である．ここでそれを定義しよう．カルノーサイクルの熱効率は，作業物質にもよらず，2つの熱源の絶対温度だけで決まる（(11.5) 参照）．この重要な事実を用いると，熱力学的温度を，熱源からの熱量のみを用いて定義することができる．

　いままで，温度として，理想気体の状態方程式から定義された絶対温度を用いてきた．しかし，ここでは，それとは独立に，温度を純粋に熱力学的に定義することを考えよう．

　カルノーサイクルなど，可逆サイクルの高温熱源からの熱量を Q_H[J]，低温熱源からの熱量を Q_L[J] とする．いま，熱量に比例する量として，熱力学的温度 T' を定義する．

$$\left.\begin{array}{c} T_i' \propto Q_i\,[\mathrm{J}] \quad (i = \mathrm{L, H}) \\[2mm] \dfrac{T_L'}{T_H'} = \dfrac{Q_L}{Q_H} \end{array}\right\} \tag{11.10}$$

　熱力学的温度を，熱源の性質だけによる量として定義できた．しかし (11.10) では，温度の比が決まるだけである．そこで，厳密に定義されたボルツマン定数 k_B[J/K] を用いて温度目盛を定義する（(9.14) 参照）．

$$T' = \frac{Q}{k_{\mathrm{B}}} = \frac{Q}{1.380649 \times 10^{-23}} \, [\mathrm{K}] \qquad (11.11)$$

これが熱力学的温度の定義である.

　次に，このように定義された熱力学的温度と絶対温度との関係を求めよう．(11.4) から，絶対温度との関係として

$$\frac{T_{\mathrm{L}}'}{T_{\mathrm{H}}'} = \frac{Q_{\mathrm{L}}}{Q_{\mathrm{H}}} = \frac{T_{\mathrm{L}}}{T_{\mathrm{H}}} \qquad (11.12)$$

が得られる．すなわち，熱力学的温度と絶対温度とは比例する．上記のように，温度目盛りを決めれば，絶対温度と熱力学的温度は一致する．

　熱力学的温度は，特定の物質によらず，熱源の性質そのものから定義された量なので，温度を表すのに最もふさわしい．絶対温度と熱力学的温度は結局同じではあるが，今後 $T\,[\mathrm{K}]$ は，上記のように定義された熱力学的温度と解釈しよう．

●11.2.3● 任意のサイクルの熱効率と不可逆性

　カルノーサイクルは，2つの熱源が与えられたとき，最大の熱効率を与える熱機関であることを理解しよう．任意の熱機関は，カルノーサイクルと熱効率が同じならば可逆機関，そうでなければ，熱効率はカルノーサイクルの熱効率より小さく，機関は不可逆であることを理解しよう．

　2つの熱源を用いたサイクルの熱効率 η は，カルノーサイクルの熱効率 η_{C} を超えることがないことを証明しよう．また，$\eta < \eta_{\mathrm{C}}$ のとき，このサイクルは不可逆であることを示そう．

　高温熱源から $Q_{\mathrm{H}}'\,[\mathrm{J}]$ を受けとり，低温熱源に $Q_{\mathrm{L}}'\,[\mathrm{J}]$ を渡して，外部へ $W' = Q_{\mathrm{H}}' - Q_{\mathrm{L}}'\,[\mathrm{J}]$ の仕事をする任意のサイクル C′ を考えよう．これとは別に，カルノーサイクルを逆回しして，低温熱源から $Q_{\mathrm{L}} = Q_{\mathrm{L}}'\,[\mathrm{J}]$ の熱を受け，高温熱源へ $Q_{\mathrm{H}}\,[\mathrm{J}]$ の熱を渡すとしよう．これら2つのサイクルを組み合わせたものは，図 11.6 右のように，1つの熱源から $Q_{\mathrm{H}}' - Q_{\mathrm{H}}\,[\mathrm{J}]$ の熱をとり出し，外へ $W'' = Q_{\mathrm{H}}' - Q_{\mathrm{H}}\,[\mathrm{J}]$ の仕事を行うサイクルである．もし $Q_{\mathrm{H}}' - Q_{\mathrm{H}} > 0\,\mathrm{J}$ であると，トムソンの原理に矛盾する．よって，$Q_{\mathrm{H}}' \leq Q_{\mathrm{H}}\,[\mathrm{J}]$ でなければならない．任意のサイクルとカルノーサイクルの熱効率をそれぞれ η', η_{C} とすると，

$$\eta' \equiv 1 - \frac{Q_{\mathrm{L}}'}{Q_{\mathrm{H}}'} = 1 - \frac{Q_{\mathrm{L}}}{Q_{\mathrm{H}}'} \leq 1 - \frac{Q_{\mathrm{L}}}{Q_{\mathrm{H}}} \equiv \eta_{\mathrm{C}} \qquad (11.13)$$

となる.

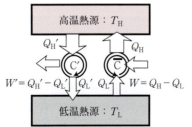
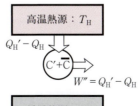

図 11.6 任意のサイクルとカルノーサイクルを組み合わせた左図は，右図と同等.

$\eta' = \eta_C$ になるのは $Q_H' = Q_H$ [J] のときで，このとき，2つのサイクルにより，両熱源をもとの状態に戻すことができる．すなわち，C′ は可逆サイクルである．

$\eta' < \eta_C$ （$Q_H' < Q_H$ [J]）のときは，C′ は不可逆サイクルである．なぜなら，もし可逆であるとすると，図 11.6 左のサイクルをともに逆転させたサイクルは，1つの熱源から正の熱（$Q_H - Q_H' > 0$ J）をとり出し，それをそのまま仕事に変えたこと（図 11.6 右で $Q_H - Q_H' > 0$ J としたもの）になって，トムソンの原理に反するからである．

結論として，**2つの熱源を結ぶ任意のサイクルの熱効率**は，カルノーサイクルの熱効率に等しいか，または小さい．等しいときはこのサイクルは可逆，小さいときは不可逆である[6]．$\eta' = 1 - (Q_L'/Q_H')$ と書くと，この結論は

$$1 - \frac{Q_L'}{Q_H'} \leq 1 - \frac{T_L}{T_H} \tag{11.14}$$

すなわち

$$\frac{Q_H'}{T_H} - \frac{Q_L'}{T_L} \leq 0 \tag{11.15}$$

という式を得る．

エントロピー

新しい状態変数（示量変数）**エントロピー**（entropy）S [J/K][7] を定義しよう．可逆過程において，微小量 ΔQ [J] について

$$\Delta S = \frac{\Delta Q}{T} \quad \text{すなわち，} \quad \Delta Q = T \Delta S \text{ [J/K]} \tag{11.16}$$

である．

この定義はちょうど，$\Delta W = p \Delta V$ [J]（(10.15) 参照）に対応している．すなわち，状態量ではない ΔQ [J] が，状態量の積で表せたことになる．また，縦軸 T，横軸 S の TS 図で描かれる曲線と横軸との間の面積は，その過程での熱量を表す．これはちょうど，pV 線図での曲線下の面積が，その過程での仕事量を表すことに対応している．

可逆，不可逆の両方の過程を含めると，次式が成り立つ．

$$\Delta S \geq \frac{\Delta Q}{T} \text{ [J/K]} \tag{11.17}$$

ここで，（不）等号は（不）可逆過程である．

熱力学第1法則（(10.14) 参照）は，不可逆過程も含めると次のように書ける．

$$\Delta U \leq T \Delta S - p \Delta V \text{ [J]} \quad \text{（熱力学第1・第2法則）} \tag{11.18}$$

孤立系（isolated system，他から孤立している系）を考えよう．そこでは，他からの熱の出入りは無い．したがって，(11.17) において，$\Delta Q = 0$ だから，

---

　[6] 高温熱源から系への熱量を Q_H [J] に固定して，このことをいいかえてみよう．不可逆過程のサイクルは，より多くの熱量を低温熱源に渡してしまい，その分仕事が少ない．

　[7] 1862年にクラウジウスが導入．最初の母音 e にアクセントがある．S の記号は，Sadi Carnot に敬意を表してのことらしい．エントロピーの概念はわかりにくいが，大まかにいうと「状態の乱雑さ」（各分子（原子）がとりうる状態の数の対数をとったもの）を表す状態変数で，示量変数である．

$$\Delta S \geq 0 \,[\,\mathrm{J/K}\,] \quad (\text{エントロピー増大の法則}) \tag{11.19}$$

となる．(11.19) は，「**孤立系でのエントロピー（乱雑さ）は，増大することはあっても減少することは無い**」ことを示している．これを，**エントロピー増大の法則**（Law of entropy increase）という．

これは，熱力学第 2 法則の別の表現である．

11.3　熱機関の例

実際に用いられている熱機関も近似的に pV 線図に描くことができ，解析できる．熱機関は大別して，内燃機関と外燃機関とに分けられる．熱源が，機関の内側にあるか外側にあるかの違いである．ここでは，内燃機関の例としてオットーサイクルとディーゼルサイクルを，外燃機関の例としてスターリングサイクルを pV 線図に描いてみよう．

オットーサイクル

自動車で活躍するオットーサイクル[8]を見てみよう（図 11.7）．実際のサイクルはとうてい準静的とはいえないし，気体も吸気，排気されて同じ作業物質ではない．しかし，近似的に各瞬間，各瞬間が熱平衡状態にあるとして考え

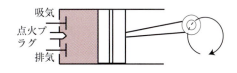

図 11.7　オットーサイクルの模式図

ることができ，概略のはたらきをつかむことができる（図 11.8 左）．オットーサイクル（Otto cycle）は，次のような近似的な過程を経る（4 - ストロークエンジン[9]）．

0→1：吸気（低温気体を吸入）：$V_{\mathrm{L}} \to V_{\mathrm{H}}\,[\mathrm{m}^3]$

1→2：断熱圧縮：$V_{\mathrm{H}} \to V_{\mathrm{L}}\,[\mathrm{m}^3]$

2→3：点火（定積加熱），熱 $Q_{\mathrm{H}}\,[\mathrm{J}]$ を吸収

3→4：断熱膨張（外へ仕事）：$V_{\mathrm{L}} \to V_{\mathrm{H}}\,[\mathrm{m}^3]$

4→1：定積冷却，熱 $Q_{\mathrm{L}}\,[\mathrm{J}]$ を放出

1→0：排気（高温気体を排出）：$V_{\mathrm{H}} \to V_{\mathrm{L}}\,[\mathrm{m}^3]$

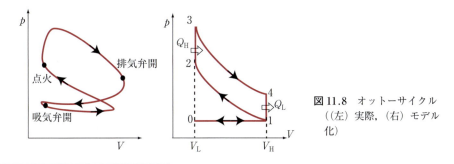

図 11.8　オットーサイクル
（（左）実際，（右）モデル化）

---

[8]　ドイツの N. Otto が 1876 年に製作した火花点火機関の基本サイクル．

[9]　4 - サイクルエンジンともいう．ここでのサイクルは，ストローク（ピストンの片道工程）の意味．すなわち，ピストン 2 往復で 1 サイクルを完了する．

これを pV 線図に描くと図11.8右のようになる.

問題 11.1 ディーゼルサイクルの pV 線図

ディーゼルサイクル[*10] は,オットーサイクルの点火方式とは異なり,圧縮による自己着火方式を用いる.模式的には,オットーサイクルの定積加熱を定圧膨張でおきかえたサイクルである.これを踏まえて,ディーゼルサイクルの pV 線図を描きなさい.

スターリングサイクル

スターリングサイクル[*11] は外燃機関(外部に熱源がある熱機関)であり,熱源に特別な制約がないこと,窒素酸化物などの排出も少なく低騒音であることなどの長所があり,実用化され,活躍している.

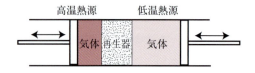

図11.9 スターリングサイクル

高温シリンダーと低温シリンダーとがあり,その間に再生式熱交換器(**再生器**(regenerator))がある(図11.9).再生器とは蓄熱器ともいい,熱の一時預かりをする装置で,積層された金網などでできている.すなわち,気体が高温部から低温部に移動する際,熱を預かり,逆のときに戻してやる装置である.

シリンダー内の作業物質(気体)は,低温側のディスプレサ(displacer)ピストンと高温側のパワー(power)ピストンのはたらきにより,両者のシリンダー内を往復する.図11.10はその原理動作を pV 線図,TS 線図上に表したものである.

1→2:等温圧縮:低温シリンダー内の気体が,低温熱源に Q_{12}〔J〕の熱を放出し圧縮される.

2→3:定積加熱:再生器を介して,気体は再生器から Q_{23}〔J〕の熱を受けとり,定積的に高温シリンダー内の圧力が上昇する.

3→4:等温膨張:高温シリンダー内の気体が,外部高温熱源で加熱(Q_{34}〔J〕)され,等温膨張する.

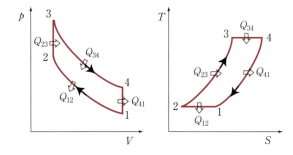

図11.10 スターリングサイクルの pV 線図と TS 線図

[*10] R. Diesel(ドイツ)が1892年に特許をとった.ガソリンエンジンより効率がよく,より安価な油が使えるので,電化の進んでいない地域の機関車やトラックなどに活躍している.

[*11] R. Stirling(イギリス)が1816年に発明.

4→1：定積冷却：低温シリンダー内に気体が移動し，低温熱源で冷却される（Q_{41}［J］）．この熱 Q_{41}［J］を再生器に預けておいて，2→3での Q_{23}［J］として再利用する．

第12章

電荷と電場

学習目標

- 電磁気現象の根源である，電荷の性質を理解する．
- 電場の定義を理解し，クーロンの法則を自在に使って，電場を計算できるようになる．
- 電気力線から定義する電束と電束密度の概念をしっかり身に付け，ガウスの法則を応用して，対称性がよい場合での電場を計算できるようになる．

キーワード

電荷（Q [C]），クーロンの法則，電気力の比例係数（k_e [N·m²/C²]），真空の誘電率（ε_0 [C²/(N·m²)]），電場（E [N/C]），電気力線，電束（Φ_e [C]），電束密度（D [C/m²]），ガウスの法則，線電荷密度（ζ [C/m]），面電荷密度（σ [C/m²]），体電荷密度（ρ [C/m³]）

　物体の質量が，周囲の空間に重力場を生み出すように，電荷は，その周囲の空間に電場を生み出す．電荷の配置や分布に対応して電場がつくられるが，その様子を電気力線を用いて表すことができる．2つの電荷の間にはたらく力は，電場を介して作用する．本書では，真空中での場のみにとどめ，物質内での場はとり扱わない．

12.1 電　荷

　物質の構成要素がもつ基本的属性として，質量の他に**電荷**がある[*1]．電荷には2種類あり，一方を正，他方を負とする．この命名は，同じ量の正の電荷と負の電荷を合わせると，ゼロ電荷となることによる．同符号の電荷同士には斥力が，異符号の電荷同士には引力がはたらく．真空中で同じ量の2つの電荷を1m離して置いたとき，電荷にはたらく力が 8.9876×10^9 N となるような電気量を1C（**クーロン**[*2]）とよび，これを電気量の単位とする．

　電荷の大きさには最小単位（**素電荷**という）があり，その値は

$$e = 1.602176487 \pm 0.000000040 \times 10^{-19} \, \text{C} \tag{12.1}$$

[*1] 琥珀を毛皮でこすると，ほこりなどを吸い付けることは，摩擦電気として古くから知られていた．琥珀をギリシャ語でエレクトロンとよぶことから，電気（electricity）の語源となった．

[*2] de Coulomb, Charles A.（フランス，1736 - 1806）：裕福な家庭に生まれた．精巧なねじれ秤により，1785年にクーロンの法則を発見した．

である[*3]. 原子核の構成粒子の1つ, 陽子の電荷は $+e$ [C], 電子の電荷は $-e$ [C] である. 原子は, 陽子と電子を同じ数だけ含み, 全体として中性 (電荷ゼロ) になっている[*4].

　安定な状態では, 正負相殺して正味の電荷はゼロになっている. しかしながら, 摩擦電気のように, 電荷が正と負に分離して存在することがある. これは正負の電荷が, 空間的に分離していることによる. その代表的な例が雷である. 1回の雷放電で 20 〜 30 C の電荷が移動するとされている. したがって, 1 C は, 日常経験する電荷量と比較すると, 大変大きな量である.

　電荷が単独で生まれたり, 消えたりすることは, 起こりえない. すなわち, 電荷の総和は, 時間的に不変である. これを**電荷保存則** (law of charge conservation) という.

　SI 単位での基本単位の1つが, 電流の単位 A (アンペア) である. 導線に電流が流れている場合, 導線の断面を毎秒 1 C の割合で電荷が通過しているとき, 1 A (ampere: アンペア, **アンペール**[*5]にちなむ) の電流という. したがって, 電荷の単位 C と電流の単位 A の関係は, 次の通りである.

$$\text{電荷の単位} = \text{C} = \text{A·s} \tag{12.2}$$

通常の電流は, 連続的と見なされるほどの大量の電荷が, 流体のように電線中を移動している. 電流の向きは, 正の電荷が流れる向きを正と定義している. 通常, 電流を運ぶのは電子であり, 電子の流れる向きは電流の向きと逆である.

　正負の電荷の存在とその振舞が, 多様な電磁気現象を生み出している. 電荷は, その周囲に電場を生み出す. 電荷同士は, 電場を介して相互作用する. 電荷が運動すれば電流となる. 電流はその周囲に磁場をつくり出し[*6], 他の電荷や電流に力を及ぼす, これらのことを次節以降で学習しよう.

12.2　クーロンの法則

　電荷が, 空間の1点に集中して存在すると見なせる場合, その電荷を**点電荷** (point charge) という. 静止している2つの点電荷の間には, 力がはたらく. この力を**クーロン力** (Coulomb force) という.

　2つの点電荷を Q [C], q [C] とし, 両者の距離を r [m] としよう. クーロン力 F [N]

　[*3]　± 以下の数字は測定誤差を表す. 素電荷 e [C] は**自然定数**の1つであるが, 実験で測定されるべき量である. 素電荷がこんな中途半端な数字になっているのは, 電荷の単位 1 C を人間が「勝手に」定義したからである.

　[*4]　陽子の電荷と電子の電荷の絶対値が等しい. だから, 2つの電荷の和が厳密にゼロになる. これは決して自明のことではない.

　[*5]　Ampère, André-Marie (フランス, 1775 - 1836): 裕福な商人の家に生まれたが, 父親がフランス革命の犠牲になった. 2本の電流の間に力がはたらくことを発見した. アンペールにちなむ電流の単位 1 A が, 2本の電線の間にはたらく力で定義されているのも, この功績による.

　[*6]　電場や磁場のことを工学では電界, 磁界ともいう. 物理学では「場」を使うことが多い.

は，次の**クーロンの法則**（Coulomb's law）[*7] によって与えられる.

$$F = k_e \frac{Qq}{r^2} \, [\text{N}] \quad \text{（クーロンの法則）}$$

(12.3)

$Q\,[\text{C}]$ と $q\,[\text{C}]$ が同符号（$Qq > 0$）ならば反発し合い（斥力（$F > 0$）），異符号（$Qq < 0$）なら引き合う（引力（$F < 0$））. それぞれの電荷にはたらく力は，2つの点電荷を結ぶ直線上にあり，その大きさは等しく，向きは逆向きである（作用・反作用の法則，図 12.1）. $k_e\,[\text{N·m}^2/\text{C}^2]$ は**電気力の比例係数**で，SI 単位では次のように定義される.

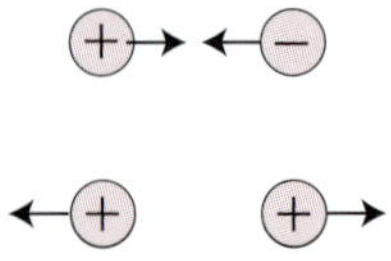

図 12.1　クーロン力

$$k_e \equiv \frac{1}{4\pi\varepsilon_0} \equiv 10^{-7}c^2 \simeq 8.9876 \times 10^9 \, [\text{N·m}^2/\text{C}^2]$$

(12.4)

ここで $c\,[\text{m/s}]$ は光速で，$\varepsilon_0\,[\text{C}^2/(\text{N·m}^2)]$ は**真空の誘電率**（dielectric constant，または permittivity）とよばれ，次の定義で与えられる.

$$\varepsilon_0 \equiv \frac{10^7}{4\pi c^2} \simeq 8.8542 \times 10^{-12} \, [\text{C}^2/(\text{N·m}^2)]$$

(12.5)

（12.3）は，距離依存性が逆2乗則に従い，万有引力の式とよく似ている. 表 12.1 に電気力と万有引力との比較を示す.

表 12.1　電気力と万有引力との比較

力	電気力	万有引力
源	電荷	質量
（力の符号）	（正と負）	（正のみ）
力の向き	引力と斥力	引力のみ
力の大きさ	$k_e \dfrac{\text{電荷}1 \times \text{電荷}2}{(\text{距離})^2}$	$G \dfrac{\text{質量}1 \times \text{質量}2}{(\text{距離})^2}$
比例係数	$k_e \simeq 8.99 \times 10^9 \, \text{N·m}^2/\text{C}^2$	$G \simeq 6.673 \times 10^{-11} \, \text{N·m}^2/\text{kg}^2$

例題 12.1　**電気力と万有引力との大きさ比べ**

1 C の電荷を帯びている，質量 1 kg の物体が 2 つある. これらの物体間の電気力と重力の比を求めなさい.

[**解**]　距離の効果は同じ r^{-2} 則に従うのでキャンセルし，しかも電荷は 1 C，質量は 1 kg なので，単に比例係数の比となる.

$$\frac{\text{電気力}}{\text{万有引力}} = \frac{k_e}{G} \simeq \frac{8.99 \times 10^9}{6.67 \times 10^{-11}} \simeq 1.35 \times 10^{20}$$

(12.6)

このように電気力 $\gg$ 重力なので，電磁気学では，通常，重力を無視している.

---

*7　r^{-2} 則は，キャベンディッシュ（Cavendish, Henry（イギリス，1731 – 1810））の方が 1773 年に先に発見していた. しかし，公表しなかった. 1785 年，クーロンにより再発見されたため，クーロンの法則とよばれる.

12.3 電 場

クーロン力のように，遠く離れた2つの電荷の間に力がはたらくのは不思議である．そこで現代では，「電荷が，周りの空間に電場をつくり，その電場を感じて，別の電荷が力を受ける」と考える．

●12.3.1● 電 場

3次元空間の原点に正電荷 Q [C] があり，原点以外の1点 $\boldsymbol{r}$ [m] に電荷 q [C] を置くと，この電荷はクーロン力

$$\boldsymbol{F} = \frac{Qq}{4\pi\varepsilon_0 r^2}\,\hat{\boldsymbol{r}}\ [\mathrm{N}] \tag{12.7}$$

を受ける．ここで，位置ベクトル $\boldsymbol{r}$ [m] の**単位ベクトル**を $\hat{\boldsymbol{r}} \equiv \boldsymbol{r}/|\boldsymbol{r}|$ とした．

一般に，空間の1点 $\boldsymbol{r}$ [m] に置いた電荷 q [C] が，力 $\boldsymbol{F}(\boldsymbol{r})$ を受けるとき，

$$\boxed{\boldsymbol{E}(\boldsymbol{r}) = \frac{\boldsymbol{F}(\boldsymbol{r})}{q}\ [\mathrm{N/C}] \quad \textbf{（電場の定義式）}} \tag{12.8}$$

となる．ここで，$\boldsymbol{E}(\boldsymbol{r})$ [N/C] を，位置 $\boldsymbol{r}$ [m] での**電場**（electric field）という[*8]．いまの場合，次式で与えられる．

$$\boldsymbol{E}(\boldsymbol{r}) = \frac{Q}{4\pi\varepsilon_0 r^2}\,\hat{\boldsymbol{r}}\ [\mathrm{N/C}] \quad \text{（原点に点電荷 } Q\,[\mathrm{C}] \text{ を置いたときの電場）} \tag{12.9}$$

電場は，空間の各点で，大きさと向きをもつベクトル量が定義される場で，「場」（field）の量の代表的な例の1つである．コンデンサー内では，一様で一定の電場ができることを13.2節で学ぶ．

問題 12.1 電場の値

1.0 mC の電荷から 1.0 cm 離れた点での電場，および，そこに 1.0 mC の電荷を置いたときの力の大きさを求めなさい．ただし，電気力の比例係数を $9.0 \times 10^9\,\mathrm{N \cdot m^2/C^2}$ とする．

点電荷が複数存在したり，連続的に分布しているときには，その周囲に生み出される電場は**重ね合わせの原理**で与えられる．すなわち，複数（n 個）の点電荷がある場合，点 $\boldsymbol{r}$ [m] にできる電場は，それぞれの点電荷が点 $\boldsymbol{r}$ [m] につくる電場を足し合わせたものになる．

$$\boldsymbol{E}(\boldsymbol{r}) = \sum_{i=1}^{n} \boldsymbol{E}_i(\boldsymbol{r})\ [\mathrm{N/C}] \quad \text{（重ね合わせの原理）} \tag{12.10}$$

ある点での電場の値を計算する場合，形式的には，**その点に1Cの電荷を置いて，その電**

[*8] 厳密には，電場と電場ベクトル $\boldsymbol{E}$ [N/C] とを使い分ける必要がある．電場ベクトルは，空間の1点で，(12.8) によって定義されるベクトルをいう．電場とは，空間の各点で，電場ベクトルが定義されている空間のことをいう．しかし，わずらわしいので，以後は「電場 $\boldsymbol{E}$ はベクトルを表す」と理解することにする．

荷にはたらくクーロン力を計算し，その数値に N/C の単位を付ければよい．

例題 12.2   同一直線上の電荷による，その直線上の電場の計算

x 軸上，$-x_1$ [m]（$x_1 > 0$）の点に点電荷 q_1 [C]（$q_1 > 0$），x_2 [m]（$x_2 > 0$）の点に点電荷 $-q_2$[C]（$q_2 > 0$）がある．このとき，原点での電場を求めなさい．ただし，クーロン力の比例係数を k_e [N·m²/C²] とする．

[解]　形式的に，原点に ＋1 C の電荷を置いて，それぞれの電荷からのクーロン力を計算し，向きを考慮して足し合わせて，単位を N/C とすればよい．q_1 [C] からの電場の強さ[*9] は $E_1 = k_e(q_1/x_1^2)$ [N/C] で，向きは斥力なので ＋x 方向，$-q_2$ [C] からの電場の強さは $E_2 = k_e(q_2/x_2^2)$ [N/C] であり，向きは引力なので，やはり ＋x 方向となる．したがって，2 つの電荷による原点での電場は，これらの電場を足し合わせて，大きさは $E_1 + E_2$ $= k_e [(q_1/x_1^2) + (q_2/x_2^2)]$ [N/C] で，向きは ＋x 方向となる（図 12.2）．

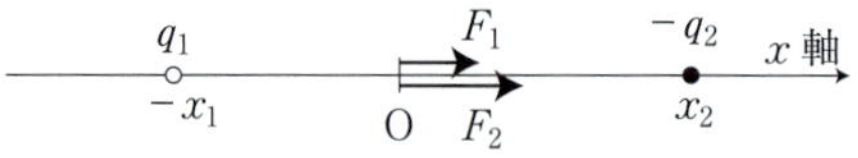

図 12.2　直線上の電荷による電場の計算

例題 12.3   平面上の電場の計算

1 辺の長さが l [m] である正三角形 ABC の，底辺の B に点電荷 q [C]，C に点電荷 $-q$ [C] がある．頂点 A での電場を求めなさい．ただし，$q > 0$ とし，クーロン力の比例係数を k_e [N·m²/C²] とする．

[解]　点 A に 1 C を置いて，それぞれの電荷からのクーロン力を計算する．点 B の電荷による，点 A での電場の強さは $k_e(q/l^2)$ [N/C] で斥力，すなわち，BA の直線上で図 12.3 の Ab 方向である．次に，点 C の電荷による点 A での電場の強さは同じで，引力，すなわち，図 12.3 の Ac 方向である．これらの電場のベクトル和は，平行四辺形 Abac の A からの対角線となり，正三角形の 1 辺となることから，大きさは同じ $k_e(q/l^2)$ [N/C] で，向きは底辺 BC に平行，すなわち，図 12.3 の Aa 方向である．

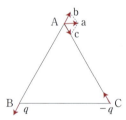

図 12.3　正三角形の頂点 A での電場の計算

12.3.2　電気力線

電場の様子を視覚的に表すために，**電気力線**（electric field line）が描かれる．電気力線は，電場の方向にたどった線である．1 つの正電荷があるときには，その正電荷から球対称に放射状に出ていく直線が，電気力線である（図 12.4 左）．

電気力線には，次の性質がある．

1. 電気力線の接線が電場になっている．
2. 電気力線の始点は正電荷，終点は負電荷であり，電荷が無いところで途切れることは

---

*9　電場の大きさのことを電場の強さともいう．

無い.

3. 電気力線は交わったり,枝分かれはしない.

4. 電気力線が密なところは電場が強く,疎なところは弱い.

図 12.5 に,いくつかの電荷の組み合わせによる電気力線を示す.

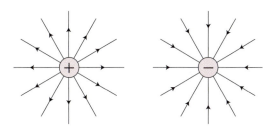

図 12.4 (左)正の点電荷,(右)負の点電荷のつくる電気力線

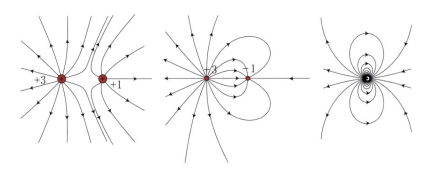

図 12.5 いろいろな電荷の組み合わせによる電気力線の例((左)+3 と +1,(中)+3 と −1,(右)接近した +1 と −1(電気双極子))

12.4 電束密度とガウスの法則

電気力線は,流体の流れのように見える.すなわち,電気力線は流線に対応している.電気力線を,文字通り「流れ」と考えよう.電気力線の始点は正電荷であり,終点は負電荷であるから,電気力線は正電荷から湧き出し,負電荷に吸い込まれている.電気力線(正しくは電束線とよぶ)の束を**電束**(electric flux)とよぼう.

点電荷 $+Q$ [C] を考えよう.そこから流れ出る全電束(電束線の束の総数)を,Q [C] とする.また,点電荷 $+Q$ [C] を中心とする球面の単位面積当りを(垂直に)通過する電束を,**電束密度**(electric flux density)という.電束密度 $\boldsymbol{D}$ [C/m²] は,大きさを上記の定義とし,向きを電気力線の方向にとったベクトルで,その単位は,

$$\text{電束密度の単位} = \frac{\text{電荷}}{\text{面積}} = \text{C/m}^2 = \text{A·s/m}^2 \tag{12.11}$$

となる.1 つの電荷に対する全電束の考えを一般化して

> **任意の閉曲面を内から外へ向かう全電束は,閉曲面内の正味の全電荷量に等しい.** (12.12)

これを**ガウス**[*10]の法則(Gauss law)という.閉曲面は,球面でなくても任意の形でよい.

[*10] Gauss, Carl F.(ドイツ,1777 - 1855):数学,物理学両分野で活躍.3 歳のとき,職人たちへの父親の給料計算の間違いを指摘したり,10 歳のとき,1 から 100 までの足し算の簡単な方法を考案したりと,幼少から大天才ぶりを発揮した.ガウス分布,磁束密度の単位ガウスなど,ガウスの名を冠したものは多い.

電荷は1つでなくても多数個あってもよい. ただし, 閉曲面内における電荷の正味の電荷量 (代数和) を考慮する. 閉曲面の外側にある電荷は考慮しない.

ある点での電束密度の定義も, 次のように一般化しよう. その点で, 電気力線に垂直な微小面積 $\Delta A\,[\mathrm{m^2}]$ を考える. その面を貫く微小電束を $\Delta\Phi_e\,[\mathrm{C}]$ とすると, 電束密度の大きさ $D\,[\mathrm{C/m^2}]$ は $D = \Delta\Phi_e/\Delta A\,[\mathrm{C/m^2}]$ で, 向きは電気力線の向きと同じと定義する.

次に, ガウスの法則と, 半径 $r\,[\mathrm{m}]$ の球の表面積が $4\pi r^2\,[\mathrm{m^2}]$ であることから, クーロン力の r^{-2} 則が出てくることを見よう.

例題 12.4　**電束密度と電場の関係, および, クーロンの法則の導出**

電束密度の定義から, 真空中では,

$$\boxed{\boldsymbol{D}(\boldsymbol{r}) = \varepsilon_0 \boldsymbol{E}(\boldsymbol{r})\,[\mathrm{C/m^2}] \quad (\text{真空中での電場と電束密度の関係})} \qquad (12.13)$$

の関係があることを示しなさい. また, ガウスの法則と電場の定義 ((12.8) 参照) から, クーロンの法則が導かれることを確かめなさい.

[解]　点電荷 $Q\,[\mathrm{C}]$ を原点に置き, 原点を中心とする半径 $r\,[\mathrm{m}]$ の球面を閉曲面とする. 定義と対称性により, その球面を内から外へ貫く全電束は $Q\,[\mathrm{C}]$ である. 対称性によって, 球面上の電束密度の大きさはどこも等しく, 向きは球面に垂直で原点から遠ざかる向きである. その大きさを $D\,[\mathrm{C/m^2}]$ とすると, 球面の表面積は $4\pi r^2\,[\mathrm{m^2}]$ であるから, 球面を内から外へ貫く全電束は $4\pi r^2 D\,[\mathrm{C}]$ となる. これは, ガウスの法則により $Q\,[\mathrm{C}]$ に等しい. したがって, $\boldsymbol{D}(\boldsymbol{r})\,[\mathrm{C/m^2}]$ は, 位置ベクトル $\boldsymbol{r}\,[\mathrm{m}]$ の単位ベクトルを $\hat{\boldsymbol{r}} \equiv \boldsymbol{r}/|\boldsymbol{r}|$ として

$$\boldsymbol{D}(\boldsymbol{r}) = \frac{Q}{4\pi r^2}\,\hat{\boldsymbol{r}}\,[\mathrm{C/m^2}] \qquad (12.14)$$

が得られる.

この式を (12.9) と比べると, (12.13) が導かれる (任意の電荷分布の場合にも, 重ね合わせの原理によって, (12.13) は一般的に成り立つ). 点 $\boldsymbol{r}\,[\mathrm{m}]$ に電荷 $q\,[\mathrm{C}]$ を置くと, (12.8) の定義式により, クーロンの法則 (12.3) が得られる[*11].

$\boldsymbol{D}\,[\mathrm{C/m^2}]$ の向きは, 真空中では電場 $\boldsymbol{E}\,[\mathrm{N/C}]$ の向き (電気力線の向き) と等しい. (物質中では一般に異なる. 一様な物質中では, ε_0 が物質の誘電率 $\varepsilon\,(\varepsilon > \varepsilon_0)$ におきかわる.)

問題 12.2　**電束密度の値**

$1\,\mathrm{mC}$ の電荷から $1.0\,\mathrm{cm}$ 離れた点での電束密度を求めなさい. また, この値と問題 12.1 の結果とを用いて, (12.13) が成り立っていることを数値的に確かめなさい. ただし, 真空の誘電率を $8.85 \times 10^{-12}\,\mathrm{C^2/(N \cdot m^2)}$ とする.

---

　*11　このように, ガウスの法則と半径 $r\,[\mathrm{m}]$ の球の表面積が $4\pi r^2\,[\mathrm{m^2}]$ であることから, クーロンの法則 (r^{-2} 則) が出てくる. しかし, 物理学では何ごとも実験で確かめられなければならない. 現在のところ, r^{-2} 則は, 精巧な実験により10桁程度の精度まで確かめられている.

12.5 電荷が連続的に分布する場合の電場の計算

電荷が連続的に分布しているとき，電荷密度（charge density）を定義する．プラスチックなどをこすると帯電する．細い棒であれば，1次元的に連続的に電荷が分布している[*12]．線電荷密度 ζ [C/m] は単位長さ当りの電荷，面電荷密度 σ [C/m^2] は単位面積当りの電荷，体電荷密度 ρ [C/m^3] は単位体積当りの電荷を意味する．

電荷分布が与えられると，電場，電束密度が一義的に決まる．真空中の電束密度 D [C/m^2] は，E [N/C] が求まれば，$D = \varepsilon_0 E$ [C/m^2] の関係式より求まる（逆も真）．ここでの例題や問題は，ガウスの法則の応用である．

例題 12.5 一様に帯電した無限に長い直線のつくる軸対称の電場

正電荷が，無限に長い直線状の棒に，一様な線電荷密度 ζ [C/m] で分布している．このとき，どのような電場ができているか．

[**解**] 電場は，直線に対して軸対称である．閉曲面として，直線を中心軸とし，半径 r [m]，長さ l [m] の円筒面を考えよう（図 12.6）．円筒の端面に対して電気力線は平行であるから，両端面を内から外へ貫く電気力線は，無い．

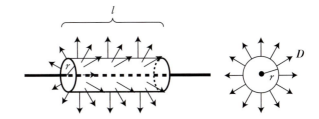

図 12.6 （左）一様に帯電した無限に長い棒のつくる電場，（右）棒に垂直な断面で見た図

一方，側面での電束密度の大きさ D [C/m^2] はどこもすべて等しく，側面に垂直である．側面の面積は $2\pi rl$ [m^2] であるから，側面を内から外へ貫く電束は $2\pi rlD$ [C] となる．

ガウスの法則により，これが円筒内の電荷の総量 ζl [C] に等しいから

$$D(r) = \frac{\zeta}{2\pi r} \ [\text{C/m}^2] \tag{12.15}$$

を得る．したがって，(12.13) より，半径 r [m] での電場の強さ $E(r)$ [N/C] は

$$E(r) = \frac{\zeta}{2\pi\varepsilon_0 r} \ [\text{N/C}] \tag{12.16}$$

となる．すなわち，電場や電束密度は，棒に垂直な断面で見ると，向きは放射状で，大きさは棒からの距離に反比例して小さくなる（2次元の世界に相当する）．

問題 12.3 例題 12.5 の実際の数値

線電荷密度 1.0 mC/cm で一様に帯電した十分長い細い棒から 1.0 cm 離れた点での，電場と電束密度を求めなさい．ただし，真空の誘電率を 8.85×10^{-12} C^2/(N·m^2) とする．

[*12] 正しくは，電荷は素電荷の整数倍として分布しているはずであるが，巨視的スケールでは，連続的としてよい．

例題 12.6   一様に帯電した無限に広い平板のつくる電場

無限に広い平板上に，一様な正電荷が面
電荷密度 $\sigma\,[\mathrm{C/m^2}]$ で分布している．この
ときの電場を求めなさい（図 12.7）．

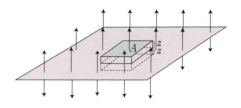

[解]   対称性により，電場は平面に垂直で平
面から離れる向きである．そこで断面積 A
$[\mathrm{m^2}]$ の直方体を，上面，下面を平面に平行に，
平面から等距離になるように，平面を横切っ
て置く．

図 12.7 一様に帯電した無限に広い平板のつ
くる電場

直方体の側面は電場に平行であるから，側面を貫く電気力線は無い．したがって，上下の面
を内から外へ貫く電気力線を考えればよい．電束密度は，上面，下面を垂直に内から外へ貫
く．平面から上面，下面までの距離が等しいから，対称性により，電束密度の大きさは上面，
下面で等しい．それを $D\,[\mathrm{C/m^2}]$ とすると，上面，下面を内から外へ貫く電束は $2AD\,[\mathrm{C}]$ と
なる．したがって，ガウスの法則により，$2AD = A\sigma\,[\mathrm{C}]$，すなわち，$D = \sigma/2\,[\mathrm{C/m^2}]$ とな
り，

$$E = \frac{\sigma}{2\varepsilon_0}\ [\mathrm{N/C}] \tag{12.17}$$

を得る．

よって，無限に広く一様に帯電した平板の場合の電場は，向きは板に垂直で板から離れる向
きであり，大きさは一定である（1 次元の世界に相当する）．

問題 12.4   帯電した面の近傍での電場と電束密度

面電荷密度 $\sigma(\boldsymbol{r})\,[\mathrm{C/m^2}]$ に帯電した面の近傍での，電場と電束密度を求めなさい．

問題 12.5   はたらく力から求める面電荷密度

一様に帯電した，十分広い平面板がある．任意の位置に置いた $1.0\,\mathrm{mC}$ の電荷にはたらく力が
$5.0\,\mathrm{N}$ のとき，面電荷密度を求めなさい．ただし，真空の誘電率を $8.85 \times 10^{-12}\,\mathrm{C^2/(N\cdot m^2)}$ とす
る．

例題 12.7   一様に帯電した球の内外の電場

半径 $r_0\,[\mathrm{m}]$ の球内に，電荷密度 $\rho\,[\mathrm{C/m^3}]$ で一様に正電荷が充満している．球の内
外の電場を求めなさい．

[解]   球の中心を原点とすると，電場は原点から見て球対称である．そこで，原点を中心とす
る半径 $r\,[\mathrm{m}]$ の球面を閉曲面として，ガウスの法則を用いる．その球の表面での電束密度は，
球面に垂直で大きさはどこでも等しい．その大きさを $D\,[\mathrm{C/m^2}]$ とし，球内に含まれる電荷を
$q'\,[\mathrm{C}]$ とすると，ガウスの法則により $4\pi r^2 D = q'$，したがって，球面上での電場の大きさを
E とすると $E = q'/(4\pi r^2 \varepsilon_0)$ となる．

次に，閉曲面内に含まれる電荷 q' [C] を計算する．$r \geq r_0$ [m] のときは全電荷 $q = 4\pi r_0^3 \rho/3$ [C] であり，$r < r_0$ [m] のときは，$q' = 4\pi r^3 \rho/3$ [C] である．したがって $\boldsymbol{E}(\boldsymbol{r})$ [N/C] は，$\hat{\boldsymbol{r}}$ を $\boldsymbol{r}$ の単位ベクトルとして，

$$
\boldsymbol{E}(\boldsymbol{r}) = \begin{cases} \dfrac{q'}{4\pi\varepsilon_0 r^2}\,\hat{\boldsymbol{r}} = \dfrac{\rho r}{3\varepsilon_0}\,\hat{\boldsymbol{r}}\ [\text{N/C}] & (r < r_0) \\[3mm] \dfrac{q}{4\pi\varepsilon_0 r^2}\,\hat{\boldsymbol{r}} = \dfrac{\rho r_0^3}{3\varepsilon_0 r^2}\,\hat{\boldsymbol{r}}\ [\text{N/C}] & (r \geq r_0) \end{cases} \tag{12.18}
$$

となる．球の外の電場は，点電荷 $q = 4\pi r_0^3 \rho/3$ [C] を中心に置いた場合の電場と同じである．

・・・

問題 12.6 　一様に帯電した球殻の内外の電場

半径 r_0 [m] の球殻に電荷 Q [C] を与えたところ，一様に帯電した．球殻の内外の電場を求めなさい．

第13章
電位差とコンデンサー

学習目標

- 電位，電圧の意味を理解し，活用できる．
- 金属など導体の性質を理解する．
- コンデンサーの電気容量の式の意味を理解し，並列，直列の合成容量や電荷量，静電エネルギーなどが計算できる．

キーワード

電位（V [V]），電位差（電圧，V [V]），導体，等電位，コンデンサー（キャパシター），電気（静電）容量（C [F]），直列の合成容量，並列の合成容量

　ここではまず電位を定義し，ついで日常なじみ深い電圧を定義しよう．そして，導体，コンデンサー（またはキャパシター[*1]）の電気容量について理解し，電荷保存則から，直列，並列の合成容量が導かれることを学ぼう．

13.1　電位と電位差

　まず，電位の概念を身に付けるために，一定の静電場 E [N/C] がある場合を考えよう（1次元）．電場内にテスト電荷 $+q$ [C] を置くと，電荷には力 $F = qE$ [N] がはたらく（(12.8) 参照）．電場に沿って電荷が動くと，電荷が仕事をされたことになる．いま，電場に沿って x 軸をとり，電荷が点 A（位置 x_A）から点 B（位置 x_B）に，$\Delta x = x_B - x_A$ [m] だけ移動したとしよう．このとき，電荷を運ぶのになされた仕事 ΔW [J] は，次のようになる（(6.1) 参照）．

$$\text{なされた仕事 } \Delta W = \text{力} \times \text{移動距離} = F\Delta x = qE\Delta x \text{ [J]} \tag{13.1}$$

　実は，電場内で電荷が受ける力（電気力）は，保存力（6.2節）であることがわかっている．そこで，電場内で電荷 q [C] がもつ位置エネルギー $U(x)$ [J] を定義することができる．x_A での位置エネルギーが $U(x_A)$ [J]，x_B での位置エネルギーが $U(x_B)$ [J] であり，その差 $U(x_A) - U(x_B)$ は仕事 ΔW [J] に等しい（(6.21) 参照）．(13.1) より，

---

*1　英語では，コンデンサーというと，通常，冷凍機の凝縮機などを指す．ここでのコンデンサーを指す言葉としては，キャパシター（capacitor）を用いる．

$$位置エネルギーの差\ U(x_A) - U(x_B) = \Delta W = qE(x_B - x_A)\ [\text{J}] \qquad (13.2)$$

となる. (13.2) から, 基準点を x_0 として,

$$x\ での位置エネルギー\ U(x) = -qE(x - x_0)\ [\text{J}] \qquad (13.3)$$

となることがわかる[*2].

しかしながら, 位置エネルギー $U(x)\ [\text{J}]$ は, テスト電荷 $q\ [\text{C}]$ によってしまう. そこで, 電荷 $q\ [\text{C}]$ で割った量である**電位** $V\ [\text{V}]$ を, 次のように定義する.

$$x\ での電位\ V(x) = \frac{x\ での位置エネルギー}{電荷} = -E(x - x_0)\ [\text{V}] \qquad (13.4)$$

つまり, 位置 x での電位は, x から基準点 x_0 まで, 電場に沿って単位電荷を運ぶのに必要な仕事である. その点 (位置 x) に電荷を置いたとき, 「電場がそれだけの仕事をする可能性 (ポテンシャル) を秘めている」という意味で, $V\ [\text{V}]$ を**静電ポテンシャル** (electrostatic potential) ともいう.

電位の単位 V は volt (**ボルト**) であり, **ボルタ**[*3] にちなむ単位である. したがって電場の単位は, (13.4) より明らかなように, V/m となる.

$$\left.\begin{array}{l}電位の単位 = \text{J/C} \equiv \text{V} \\[4pt] 電場の単位 = \text{N/C} \equiv \text{V/m}\end{array}\right\} \qquad (13.5)$$

これまでは一定の電場を考えた. これを 3 次元の, 一般の電場の場合に拡張しよう. 上の例では, 電位の基準点を x_0 にとったが, 一般の場合には無限遠を基準点とし, 無限遠では電位はゼロであるとする. ある位置 $r\ [\text{m}]$ での電位 $V(r)\ [\text{V}]$ を, その点から無限遠まで**単位電荷**を運ぶのになされる**仕事量**と定義する. よって, 電位は電場を電気力線に沿って積分したものである. したがって, 位置 $r\ [\text{m}]$ での電位 $V(r)\ [\text{V}]$ は, 電場を位置 $r\ [\text{m}]$ から無限遠まで積分して得られる.

$$\boxed{V(r) \equiv \int_{r(l)}^{\infty} E(r')\,dl\ [\text{V}] \qquad (電位の定義式)} \qquad (13.6)$$

電気力は保存力であるから, (13.6) の積分が途中の道すじ (積分路) によらない. ここでは, 電気力線に沿って積分していて, $dl\ [\text{m}]$ は, 電気力線に沿った微小距離である.

━━━

例題 13.1 **点電荷のつくる電位**

点電荷 $Q\ [\text{C}]$ を原点に置いたとき, 任意の位置での電位を求めなさい. ただし, 真空の誘電率を $\varepsilon_0\ [\text{C}^2/(\text{N}\cdot\text{m}^2)]$ とする.

[解] 点電荷 $Q\ [\text{C}]$ を原点に置いたとき, 点 $r\ [\text{m}]$ での電場は (12.9) で与えられる. (13.6) の定義により, 電気力線の方向 ($r\ [\text{m}]$ の方向) に積分すると

---

*2 (13.3) の負符号は, $x < x_0$ の方が位置エネルギーが高いことを表す.

*3 Volta, Alessandro (イタリア, 1745 - 1827):1791 年, L.Garvani が発見した「カエルの脚の実験」は生物現象ではなく, 2 つの金属間の電位差 (電圧) が原因であることを突き止め, 電池のもととなる「ボルタの電堆」を発明した. これは, 電気研究の飛躍的発展を促す発明だった.

$$V(r) = \int_r^\infty \frac{Q}{4\pi\varepsilon_0 (r')^2}\, dr' = \frac{1}{4\pi\varepsilon_0}\frac{Q}{r}\,[\text{V}] \tag{13.7}$$

となる. 一般には, 点 $\boldsymbol{r}$ での電位は方向に依存する ($V(\boldsymbol{r})$). しかしながら, この場合は球対称なので方向依存性が消え, 点電荷からの距離 r の関数となり ($V(r)$), r^{-1} に比例する.

‧‧

問題 13.1　**一様に帯電した球殻の電位**

半径 $r_0\,[\text{m}]$ の球殻に電荷 $Q\,[\text{C}]$ を与えたら, 一様に帯電した. この球殻の内外の電位を求めなさい. ただし, 真空の誘電率を $\varepsilon_0\,[\text{C}^2/(\text{N·m}^2)]$ とする.

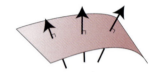

電位差（**電圧**, voltage）は, 2 点間の電位の差である. 通常は地球を基準（接地：アース）にとることが多い[*4]. これは, 地球が電気をよく通す物体, すなわち, 導体（14.2節）だからである.

山の等高線のように, 電位が等しい点のつくる面（3 次元なので面になる）を**等電位面**（equi‑electric potential surface）という. 電気力線は等電位面に垂直である（図13.1）.

図13.1　等電位面と電気力線（矢印）

電位の定義（(13.4) 参照）から明らかなように, **電荷 $q\,[\text{C}]$ の粒子が, 電位差 $V\,[\text{V}]$ によって得るエネルギーは $qV\,[\text{J}]$ である.**

問題 13.2　**電位差と粒子の加速エネルギー**

陽子を $1.0\,\text{MV}$ の電位差で加速する. 陽子が得たエネルギーと速度を求めなさい. ここで, 陽子の電荷は $1.60\times10^{-19}\,\text{C}$, 質量は $1.67\times10^{-27}\,\text{kg}$ であり, 初速はゼロとする.

13.2　導体と絶縁体

金属は**導体**（conductor）である. すなわち, 電気を通しやすい. これは, 金属のなかには電気を運ぶ粒子, **自由電子**（自由に動ける電子, free electrons）が充満しているからである[*5]. 逆に, 電気をほとんど通さない物質を**絶縁体**（insulator）という. 絶縁体は自由電子をほとんど含まない. **半導体**（semiconductor）はその中間で, 自由電子を少し含む. 半導体に不純物をドープしたりして, いろいろな電子部品が創生され, 現代の電気機器全盛時代が築かれた.

導体内部には, たくさんの荷電体（陽イオンや電子）が存在しているが, それらが動いていない静的状態（電流が無い状態）を考えよう. 導体内部には正負の電荷があるが, それら

　[*4]　アースをしっかりとるには, アース線のついた金属製接地棒を, 地中の電気を通しやすい場所に埋める必要がある.

　[*5]　金属原子は周期表の左側にあり, 原子 1 個当り 1〜2 個の電子が閉殻の外にあって, それらが自由電子となる.

は中和していて，個々の電荷が点電荷として現れることはない．このとき導体内部には，電場は存在しない．もし導体内部で電場があると（$E \neq 0$）電流が生じて，静的状態ではなくなってしまうからである．また，導体に外部から電場をかけると，導体内部の電荷が表面に出現して，内部に進入する電場を打ち消す．これを**静電誘導**（electrostatic induction）という（図 13.2）．したがって，導体内部には電場は無い（$E = 0$）ので，導体内部はすべて等電位であり，導体表面は等電位面になっている．

　中空な導体では，外部から電場を与えても，中空部分に電場は進入しない（図 13.3）．これを「**静電遮へい**（electrostatic shield）」という．雷のとき，車のなかの方が安全といわれるのはこのためである．

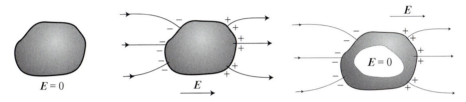

図 13.2　静電誘導.（左）電場が無い状態，（右）一様な電場内.

図 13.3　静電遮へい（導体および中空の内部の電場はゼロである）

　2 つの帯電した導体を，導線（細い導体）でつないでみよう．すると，ほぼ瞬時に電荷が移動して等電位になるであろう．2 つの水位の違う容器の間の仕切り板に穴を空けると，瞬時に，同じ高さの水面になるのと似ている（図 13.4）．

　電気力線は導体表面に垂直である．これは，導体表面が等電位面だからである[*6].

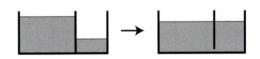

図 13.4　容器の水位.しきり板に穴を空ける（接続する）と同じ水位（等電位）になる.

13.3　コンデンサー

　導体に電荷をためることができる．電荷をためる素子をコンデンサー（キャパシター）という．通常は 2 つの導体を用いるが，1 個の導体の場合から考えよう．

● 13.3.1 ● 孤立した導体の電気容量

　空間に孤立している導体に正電荷 $+Q$ [C] を与えると，電荷は表面に分布する（正電荷同士は斥力で広がる），すると導体の電位は V [V] に上昇する．蓄えられた Q [C] は電位

---

　*6　これは，電気力線が導体表面と垂直でないと矛盾が生じることからもいえる．垂直でないと仮定すると，電気力線には，導体表面に平行な成分があることになる．導体のなかには自由電子がたくさんあるのだから，この電気力線の平行成分により電荷は加速され，電流が生じてしまう．導体に電流は流れていないのだから，仮定は間違っている．

V [V] に比例する. その比例係数 C [F] を, 孤立した導体の**電気容量** (electric capacity)（または, **静電容量**）という.

$$Q = CV \ [\text{C}] \tag{13.8}$$

比例係数 C の単位 F (**ファラッド**, farad[*7]) は, 電気容量の単位である.（13.8）から,

$$\text{電気容量の単位} = \text{F} = \text{C/V} = \text{A} \cdot \text{s/V} \tag{13.9}$$

となる.

電気容量の値は, 導体の大きさや形状で決まる. 導体が半径 R [m] の球の場合, 電気容量は, $V = Q/(4\pi\varepsilon_0 R) = k_e Q/R$ [V] と（13.8）より

$$C = 4\pi\varepsilon_0 R = \frac{R}{k_e} \ [\text{F}] \tag{13.10}$$

となる.

（13.9）と（13.10）から, 真空の誘電率 ε_0 の単位は

$$\text{真空の誘電率}（\varepsilon_0）\text{の単位} = \text{F/m} \tag{13.11}$$

となることがわかる.

水の惑星, 地球は導体として扱ってよい. 地球を半径 6400 km の球として, その孤立系としての電気容量は（13.10）から

$$\text{孤立系とした地球の電気容量} = \frac{6.4 \times 10^6}{9.0 \times 10^9} \simeq 7.1 \times 10^{-4} \ [\text{F}] \tag{13.12}$$

となり, 地球の大きさをもってしても孤立系の電気容量は小さい.

● 13.3.2 ● コンデンサーの電気容量

2つの導体を用いると, 導体間の向かい合った面に電気力線を閉じ込めることができて, 電気容量を増加させることができる（図 13.5）. このような導体対を**コンデンサー** (condenser) または**キャパシター** (capacitor) という. その電気容量は, 導体に蓄えられた電荷量と導体間の電位差の比で与えられる. 電気容量は, 導体の形状や配置, すなわち, 幾何学的要素のみによって決まる.

● ●

例題 13.2 平行平板コンデンサーの電気容量

導体板の面積 A [m^2], 間隔が d [m] の平行平板コンデンサー（図 13.5）の電気容量が次の式で与えられることを示しなさい. ただし, 端部からの電場の漏れはないものとする.

$$C = \frac{\varepsilon_0 A}{d} \ [\text{F}] \tag{13.13}$$

[**解**] それぞれの極板に電荷 $\pm Q$ [C] を与えよう. すると面電荷密度 σ [C/m^2] は $\sigma = Q/A$ [C/m^2] となる.

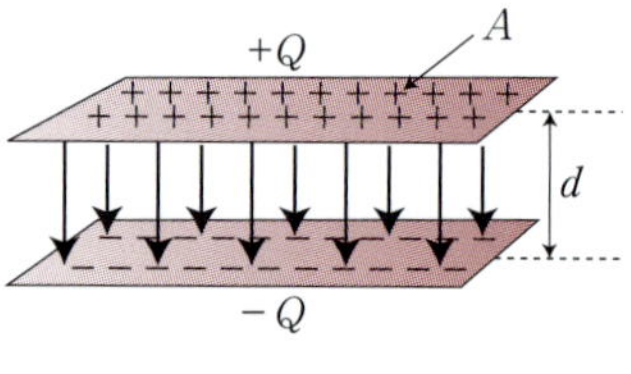

図 13.5 平行平板コンデンサー

[*7] farad は, ファラデーにちなむ.

極板間には，一様な電場が存在する．極板間の電束密度は，極板に垂直かつ一様で，全電束は Q [C] である．したがって，電束密度の大きさ D [C/m^2] は，

$$D = \frac{Q}{A} = \sigma \ [\text{C/m}^2] \tag{13.14}$$

である．すなわち，電束密度の大きさ D [C/m^2] は，面電荷密度に等しい．すると，電場の強さ E [V/m] は

$$E = \frac{D}{\varepsilon_0} = \frac{Q}{\varepsilon_0 A} \ [\text{V/m}] \tag{13.15}$$

となる．一方，極板間の電位差 V [V] は $V = Ed$ [V][8] であるので，

$$V = Ed = \frac{Qd}{\varepsilon_0 A} \ [\text{V}] \tag{13.16}$$

となる．よって，(13.13) を得る．

平行平板コンデンサーの電気容量は，(13.13) によれば，極板の面積に比例し，その間隔に反比例する．極板の間隔を狭くすると，当然，電場（$E = V/d$ [V/m]）が強くなり，最終的には極板間に放電（ショート）が起こる．

上の議論では，理想的なコンデンサーを考えた．すなわち，端部での電場のはみ出しは無視している．実際のコンデンサーでの電気力線は，図 13.6 のようになる．

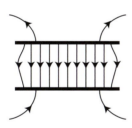

図 13.6　実際の平行平板コンデンサーの電気力線

例題 13.3　**並列の合成電気容量**

電気容量が $C_1, C_2, \cdots, C_n$ [F] のコンデンサーを並列につないだときの合成電気容量 C [F] が

$$C = C_1 + C_2 + \cdots + C_n \ [\text{F}] \tag{13.17}$$

で与えられることを示しなさい．

[解]　電圧を V [V] とし，$C_1, C_2, \cdots, C_n$ [F] のコンデンサーに蓄えられる電荷をそれぞれ $Q_1, Q_2, \cdots, Q_n$ [C] とすると，$Q_1 = C_1 V$, $Q_2 = C_2 V$, $\cdots$, $Q_n = C_n V$ [C] である．全電荷は $Q_1 + Q_2 + \cdots + Q_n = Q$ [C] であるので $(C_1 + C_2 + \cdots + C_n)V = Q$ [C]，よって (13.17) が得られる．

---

[8]　電荷 q [C] を極板間に置くと，qE [N] の力を受ける．電荷 q [C] が極板間の距離 d [m] を移動したとき，なされた仕事は qEd [N]．これは定義により qV [J] に等しい．

問題 13.3 直列の合成電気容量

電気容量が $C_1, C_2, \cdots, C_n$ [F] のコンデンサーを直列につないだときの合成電気容量 C [F] が,

$$C = \cfrac{1}{\cfrac{1}{C_1} + \cfrac{1}{C_2} + \cdots + \cfrac{1}{C_n}} \ [\text{F}] \tag{13.18}$$

で与えられることを示しなさい.

問題 13.4 直列と並列の合成電気容量

電気容量が C_1, C_2, C_3 のコンデンサーがある. C_2 と C_3 を並列につないだものに C_1 を直列につないだときの,合成電気容量 C を求めなさい.

●13.3.3● コンデンサーの静電エネルギー

物体を帯電させるためには,クーロン反発力に逆らって電荷を運ばなければならない.このとき,外部からなされる仕事(コンデンサーに蓄えられたエネルギー)の総和を物体の**静電エネルギー**(electrostatic energy)とよぶ.

例題 13.4 平行平板に蓄えられた静電エネルギー

電気容量 C の平行平板に,電荷 Q を与えたときに蓄えられた静電エネルギー W [J] が,次式で与えられることを示しなさい.

$$W = \frac{Q^2}{2C} = \frac{1}{2}CV^2 = \frac{1}{2}QV \ [\text{J}] \tag{13.19}$$

[解] いま,コンデンサーに電荷 q [C] が蓄えられているとする.このときの電位差は,$V' = q/C$ [V] である.さらに dq [C] を負の極板から正の極板へ運ぶのに必要な仕事は,以下のようになる.

$$dW = V' \, dq = \frac{q \, dq}{C} \ [\text{J}] \tag{13.20}$$

これを積分して,次式を得る.

$$W = \int_0^Q \frac{q}{C} \, dq = \frac{Q^2}{2C} = \frac{1}{2}CV^2 = \frac{1}{2}QV \ [\text{J}] \tag{13.21}$$

よって,題意が示せた.

この静電エネルギーは,どこに蓄えられているのであろうか.実は,移動した極板の上にではなく,極板間に存在する電場とともに,極板間の空間に蓄えられているのである.

問題 13.5 平行平板コンデンサー

電気容量が $10\,\text{pF}$ の平行平面板コンデンサーを,電圧 $3\,\text{V}$ の電池につないだ.真空中の誘電率を $\varepsilon_0 = 8.85 \times 10^{-12}\,\text{F/m}$ として次の問いに答えなさい.

(1) 極板間の間隔が $2\,\text{cm}$ のとき,極板の面積を求めなさい.

(2) 蓄えられた電荷を求めなさい.

（3）　蓄えられた静電エネルギーを求めなさい.

（4）　電極板と同じ面積で，厚さがコンデンサーの極板間の半分になった導体をコンデンサーに挿入したとき，蓄えられた静電エネルギーは何倍になるか.

（5）　（4）の導体を半分だけ挿入したときはどうか.

第14章
電流と抵抗

学習目標

- オームの法則を，ミクロの観点から理解した上で，活用できるようになる.
- 抵抗の直列，並列接続の合成抵抗の計算ができるようになる.
- 定常電流回路についてのキルヒホッフの第1法則，第2法則を理解し，回路の解析ができるようになる.

キーワード

電流（I [A]），電気抵抗（R [Ω]），抵抗率（ρ_r [Ω·m]），電気伝導度，電気伝導率（σ_r [S/m]），ジュール熱，電圧降下，キルヒホッフの第1法則と第2法則，直列の合成抵抗，並列の合成抵抗

第13章では，自由に動ける電荷が存在する導体について，静的な状態（電流が流れていない状態）を考察した．この章では，導体（金属）の両端に電位差を与えると，自由電子が動いて電流が生じること，自由電子の陽イオンとの衝突が抵抗力としてはたらき，それが電気抵抗となることを理解しよう．直列，並列の合成抵抗の計算方法を習得し，電流回路を解析する際のキルヒホッフの法則などを学ぼう.

14.1 オームの法則

金属の両端に電位差 V [V] を与えると，電流 I [A] が電位差に比例して増大する．その比例係数は，電圧や電流によらず一定である．これを**オーム**[*1]**の法則**という．比例係数を**（電気）抵抗**（electric resistance）といい，記号 R [Ω] で表す．つまり，

$$V = IR \text{ [V]} \tag{14.1}$$

の関係が得られる．抵抗という名称は，R [Ω] が大きいほど，電流が流れにくいためである.

単位は Ω（**オーム**，ohm）であり，

$$\Omega = \text{V/A} = \text{J·s/C}^2 \tag{14.2}$$

の関係がある．(14.1) は，「抵抗 R [Ω] に電流 I [A] が流れると，V [V] だけ**電圧降下**す

---

*1　Ohm, Georg S.（ドイツ，1789 – 1854）：不遇のなか，1826年に「オームの法則」を発見．しかし，不遇は続き，大学の正教授になったのは，晩年の1852年であった.

る」ということもできる.

抵抗は,金属の長さ l [m] に比例し,断面積 A [m²] に反比例して,

$$R = \rho_r \frac{l}{A} \ [\Omega] \tag{14.3}$$

と書ける.比例係数 ρ_r [$\Omega \cdot$m] を**抵抗率**(または比抵抗, resistivity)といい,$\Omega \cdot$m の単位をもつ.抵抗率は物質固有の量である(表14.1).抵抗率の値により,導体,半導体,絶縁体の区別ができる.なお,**超伝導**(superconductivity)[*2] では,電気抵抗は完全にゼロである.

表 14.1 種々の物質の抵抗率(ρ_r [$\Omega \cdot$m])(国立天文台 編:「理科年表 平成 29 年版」(丸善出版, 2017 年)による.ただし導体のみ.)

分類	物質	− 195℃	0℃	100℃
導体	金	0.5	2.05	2.88
	銅	0.2	1.55	2.23
	タングステン	0.6	4.9	7.3
半金属	炭素		3.5×10^{-5}	
半導体	珪素など		$10^{-1} \sim 10^3$	
絶縁体	石英ガラス		$>10^{16}$	
	天然ゴム		$10^{13} \sim 10^{15}$	

導体は,数値 $\times 10^{-8}$.導体以外は 20℃ での値.

問題 14.1 **抵抗の製作**

直径 0.5 mm の太さのタングステン線(抵抗率 5.6×10^{-5} $\Omega \cdot$m)を用いて,100 Ω の抵抗をつくりたい.必要な長さを求めなさい.

抵抗の逆数は**電気伝導度**(conductivity)とよばれ,単位は S(**ジーメンス**[*3], siemens)である($S = \Omega^{-1}$).抵抗率の逆数 $\sigma_r = 1/\rho_r$ [S/m] は**電気伝導率**(conductance)とよばれ,単位は S/m である.

例題 14.1 **抵抗と抵抗率**

同じ材質の金属で A と B の 2 つの抵抗を製作した.抵抗 A の直径は抵抗 B の 1/2 倍,長さは 4 倍である.A の抵抗値は B の何倍か.

[**解**] 抵抗値は長さに比例し,断面積に反比例するので,$4 \times 4 = 16$ 倍.

金属に電場をかけると,金属中の自由電子は電場から力を受けて,電場の向きとは逆に加速される.しかし,熱振動している金属の正イオンと衝突して,たえず散乱されている.こ

[*2] 工学では超電導とも書く.物理学では,超伝導と書くことになっている.

[*3] von Siemens, Ernst W.(ドイツ, 1816 - 1892):電信システムのジーメンス‐ハルスケ社の創設者の1人である.特に有名なのは 1867 年の発電機の発明.

れが抵抗の原因であると考え，オームの法則を電子の運動という観点から導いてみよう．

例題 14.2   自由電子とオームの法則

　金属中の電子は電場により加速されるが，金属イオンに散乱されて，速度に比例する抵抗力を受ける．このことから，オームの法則を導きなさい．

[解]　断面積 A [m²]，長さ l [m] の電線の両端に電圧 V [V] をかけたところ，電流 I [A] が流れたとしよう．電線は一様なので，電線中の電場の強さは V/l [V/m] である．電子の質量，電荷，速度を m [kg]，$-e$ [C]，v [m/s] とすると，電場から電子が受ける力は $-eV/l$ [N]，これに抵抗力を考慮して，金属中の自由電子の運動方程式は次のように書ける．

$$m\frac{dv}{dt} = -e\frac{V}{l} - \beta v \text{ [N]} \tag{14.4}$$

　ここで，β [N·s/m] は定数である．定常的な（時間変動が無い）状態では $dv/dt = 0$ であるから，$V = -\beta l v/e$ [V] が得られる．電子の数密度を n [m⁻³] とすると，電流は定義により（p.123 参照），

$$I = -nAev \text{ [A]} \tag{14.5}$$

と書ける．これから，v を消去して，次式を得る．

$$V = \frac{\beta l}{ne^2 A} I \equiv RI \text{ [V]} \tag{14.6}$$

　よってオームの法則が得られ，抵抗値は電線の長さに比例し，断面積に反比例することも得られた．(14.5) の v [m/s] は電子の**ドリフト速度**とよばれ，通常の金属内では数 mm/s かそれ以下という遅さである．

問題 14.2   銅のなかの電子数密度

銅の 1 原子当りには，1 個の自由電子がある．銅の密度を 9.0 g/cm³，原子量を 64，アボガドロ定数を 6.0×10^{23}/mol として，銅のなかの電子数密度を求めなさい．

問題 14.3   電線中での電子のドリフト速度

断面積 1 mm² の銅線に 10 A の電流が流れているとき，電子のドリフト速度を求めなさい．ただし，電子の電荷は $e \simeq -1.6 \times 10^{-19}$ C である．

14.2　ジュール熱

　抵抗に電流が流れているとき，熱が発生する．これを**ジュール**[*4]熱という．**ジュール熱**は，自由電子のイオンとの衝突により発生する．抵抗 R [Ω] の両端に電圧 V [V] を与えたとき，微小時間 Δt [s] に電荷 ΔQ [C] が移動したとしよう．すると，このときエネルギーは，$\Delta W = V\Delta Q$ [J] だけ減少したことになる．このエネルギーは，抵抗のなかで熱エネル

---

　*4　Joule, James P.（イギリス，1818 - 1889）：1840 年にジュールの法則を発見．また自宅での実験により，1843 年に熱の仕事当量というアイデアに達した．

ギーに変わったと考えられる.

$\Delta Q = I \Delta t$ [C] なので,

$$\Delta W = V \Delta Q = VI \Delta t \, [\text{J}] \tag{14.7}$$

であり, 単位時間当りでは

$$P \equiv \frac{\Delta W}{\Delta t} = VI = RI^2 = \frac{V^2}{R} \, [\text{W}] \tag{14.8}$$

である. P [W] は仕事率とよばれ, 単位は W (ワット[*5], watt) である.

$$1\,\text{W} = 1\,\text{J/s} = 1\,\text{kg·m}^2/\text{s}^3 \tag{14.9}$$

なお, 電気の使用量として通常用いられるキロワット時 (kWh) は,

$$1\,\text{kWh} = 3.6 \times 10^6\,\text{J} \tag{14.10}$$

の関係がある.

14.3 定常電流回路

複数の抵抗と電池を接続した閉回路[*6]に, 電流が流れているときを考えよう. 任意の抵抗に流れている電流は, どのようにして求めるのだろうか. その際に活躍する法則が, **キルヒホッフ**[*7]の第1, 第2法則である.

● 14.3.1 ● キルヒホッフの第1法則と第2法則

回路網の任意の分岐点に流出入する電流に関する法則が, キルヒホッフの第1法則である (図14.1). 任意の分岐点に流れている電流が途中で消えることは無い (電荷保存則 (12.1節)). したがって, その分岐点に流れ込む電流の総量は, 流れ出る電流の総量に等しい. 流れ出る電流を正, 流れ込む電流を負とすると (またはその逆でもよい), 1つの分岐点に出入りする電流の代数和は0である. よって (14.11) が成り立つ.

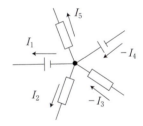

図 14.1 キルヒホッフの第1法則:$\sum_k I_k = 0$（流れ出る電流を正とする）

$$\sum_k I_k = 0 \quad \text{(キルヒホッフの第1法則)} \tag{14.11}$$

回路網の任意の閉回路に関する法則が, キルヒホッフの第2法則である. 回路網のなかの

---

　*5　Watt, James (イギリス, 1736 – 1819):蒸気機関の改良による実用化は, 産業革命を推し進める原動力となった.

　*6　電線でつながれていて, それに沿って任意の点から1周できる (途中で途切れていない) 回路のこと. 網の目のようになっていてもよい.

　*7　Kirchhoff, Gustav R. (プロイセン (現在のロシアの領域の一部), 1824 – 1887):1849年に2つの法則を提唱. 分光学により, ブンゼンとともにセシウムやルビジウムを発見するなど, 活躍した.

任意の閉回路に着目する（図 14.2）．閉回路に沿って電位の変化を考えよう．閉回路を 1 周してもとの位置に戻ると，始めの電位と同じである．例えば，図 14.2 の閉回路を A で切り開き，ABCDA′ の順に 1 周すると，電位は図 14.3 のようになり，もとの点 A = A′ に戻る．1 周のループにおいて，起電力の和 = 抵抗による電圧降下，すなわち，次式が成り立つ．

$$\sum_i V_i = \sum_k R_k I_k \ [\mathrm{V}] \quad \textbf{（キルヒホッフの第 2 法則）} \tag{14.12}$$

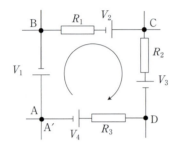

図 14.2　キルヒホッフの第 2 法則
：$\sum_i V_i = \sum_k R_k I_k [\mathrm{V}]$

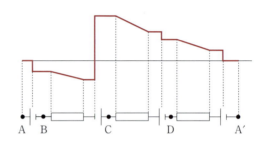

図 14.3　キルヒホッフの第 2 法則：ループ
の各点での電圧降下

●14.3.2● 合成抵抗

複数の抵抗を接続したときの，全体の抵抗（合成抵抗）を求めよう．キルヒホッフの第 1，第 2 法則を用いて計算できる．

・・

例題 14.3　直列抵抗

抵抗 $R_1, R_2, \cdots, R_n \ [\Omega]$ を直列につないだ場合の，合成抵抗 $R \ [\Omega]$ は次式で与えられることを示しなさい（図 14.4）．

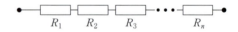

図 14.4　直列抵抗

$$R = \sum_{k=1}^{n} R_k \ [\Omega] \tag{14.13}$$

[解]　直列抵抗の両端に電圧 $V \ [\mathrm{V}]$ をかけて，電流 $I \ [\mathrm{A}]$ が流れたとしよう．電流は途中で増えたり減ったりせず，直列の場合，どの抵抗にも同じ大きさの電流が流れる．抵抗 $R_i \ [\Omega]$ での電圧降下は $IR_i \ [\mathrm{V}]$ である．よって，キルヒホッフの第 2 法則により，

$$V \equiv IR = I(R_1 + R_2 + \cdots + R_n) \ [\mathrm{V}] \tag{14.14}$$

となる．したがって，（14.13）を得る．

・・

問題 14.4　並列抵抗

抵抗 $R_1, R_2, \cdots, R_n \ [\Omega]$ を並列につないだ場合（図 14.5）の合成抵抗 $R \ [\Omega]$ は次式で与えられることを示しなさい．

$$R = \frac{1}{\displaystyle\sum_{k=1}^{n} \frac{1}{R_k}} \ [\Omega] \tag{14.15}$$

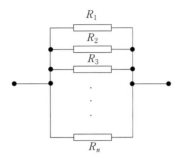

図 14.5　並列抵抗

. . . .

例題 14.4　　ホイートストンブリッジ

　抵抗 $R_1 \sim R_5$ [Ω] を起電力 V [V] の電池につないだ（図 14.6）．抵抗 R_5 [Ω] に流れる電流 I_5 [A] を求めなさい．また $I_5 = 0$ A になるとき，R_1 [Ω] を求めなさい．

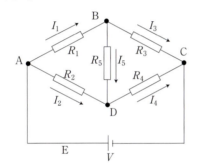

図 14.6　ホイートストンブリッジの
検流計を抵抗 R_5 におきかえた回路

[解]　抵抗 R_k [Ω] に流れる電流を I_k [A] とし，向きは図 14.6 のようにとる．点 B においてキルヒホッフの第 1 法則を適用すると，

$$I_1 = I_5 + I_3 \ [\text{A}] \tag{14.16}$$

となり，同様に，点 D においては，

$$I_2 + I_5 = I_4 \ [\text{A}] \tag{14.17}$$

となる．閉回路 ABCE において，キルヒホッフの第 2 法則を適用すると

$$R_1 I_1 + R_3 I_3 = V \ [\text{V}] \tag{14.18}$$

が得られる．

　同様に，閉回路 ABDA，BCDB については，

$$\left. \begin{array}{l} R_1 I_1 + R_5 I_5 - R_2 I_2 = 0 \\ R_3 I_3 - R_4 I_4 - R_5 I_5 = 0 \end{array} \right\} \tag{14.19}$$

となる．これらから I_5 [A] を求めると

$$I_5 = \frac{(R_2 R_3 - R_1 R_4) V}{R_1 R_3 (R_2 + R_4) + R_2 R_4 (R_1 + R_3) + R_5 (R_1 + R_3)(R_2 + R_4)} \ [\text{A}] \quad (14.20)$$

が得られる.

$I_5 = 0$ のときは

$$R_1 = \frac{R_2 R_3}{R_4} \ [\Omega] \tag{14.21}$$

となる.

・・・

$R_5 \ [\Omega]$ の代わりに検流計を接続したものを，**ホイートストンブリッジ**（Wheatstone Bridge）という．抵抗の 1 つ（例えば $R_2 \ [\Omega]$）を調整し，検流計に流れる電流をゼロになるようにすると，(14.21) より，未知の抵抗（例えば $R_1 \ [\Omega]$）を測定できる.

第⑮章 電流と磁場

学習目標

- アンペールの法則を活用して，電流がつくる磁場（磁束密度）が計算できるようになる．
- 磁場中の電流にはたらく力を計算できるようになる．
- 2つの平行電流にはたらく力を，電流が磁場をつくり，磁場中の電流に力がはたらくという観点から計算ができるようになる．

キーワード

磁場，磁力線，磁束（ϕ_m[Wb]），磁束密度（$\boldsymbol{B}$[T]），真空の透磁率（μ_0[N/A²]），1Aの定義，アンペールの法則，ローレンツ力

定常的な（時間的に変動しない）電流（直流（direct current））を考える．電流同士の間に力がはたらくこと，それを用いて電流の単位A（アンペア）が定義されること，さらに，電流同士に力がはたらくのは，1つの電流がその周りに磁場をつくり，その磁場のなかに置かれたもう1つの電流に，力がはたらくためであることなどを学ぼう．

15.1 平行電流間にはたらく力

2本の平行電流は，互いに力を及ぼし合う（図15.1）．2本の電流が互いに平行ならば引力，反平行ならば斥力がはたらく．単位長さ当りにはたらく力の大きさは，2つの電流の積に比例し，電流間の距離に反比例する．

2つの電流をI_1[A]，I_2[A]，電流間の距離をd[m]とすると，長さl[m]の電流にはたらく力の大きさF[N]は，次式で与えられる．

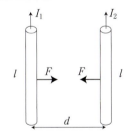

図15.1 平行電流間にはたらく力（電流の向きが同じ場合）

$$F = \frac{\mu_0}{2\pi} \frac{I_1 I_2 l}{d} \text{ [N]} \tag{15.1}$$

すなわち，比例係数を$\mu_0/(2\pi)$[N/A²]と定めている．ここで，μ_0[N/A²]は**真空の透磁率**（permeability）とよばれ，次のように定義される．

$$\mu_0 \equiv 4\pi \times 10^{-7} \simeq 1.26 \times 10^{-6} \text{ N/A}^2 \tag{15.2}$$

実際，SI単位での1Aは2019年5月までは，平行電流にはたらく力により，次のように

定義されていた（現在の定義は p3 表 1.1 参照）.

> **（2019年5月までの古い）1 A の定義**
>
> 　1 A とは，1 m 離した十分長い 2 本の同じ強さの平行電流間に，1 m 当り 2×10^{-7} N/m の力がはたらくときに流れている電流の値.

15.2　電流がつくる磁場

　どうして，2 本の平行電流に力がはたらくのであろうか. 現代では，これを，電流が周りに磁場をつくる，磁場中の電流に力がはたらく，の 2 段階に分けて理解する.

●15.2.1●　磁束密度，および磁束に関するガウスの法則

　磁石の周りに**磁力線**（magnetic field line）ができる. すなわち，**磁場**（magnetic field）ができている. 磁力線の性質は電気力線の性質（12.3 節）と同様である. 電気力線から電束密度を定義したのと全く同様に，磁力線から磁束密度を定義しよう[*1]. 磁力線は，N 極から湧き出し，S 極に吸い込まれる（N 極と S 極のことを磁極とよぶ）. 磁力線（正しくは磁束線）の束を**磁束**（magnetic flux）とよび，Φ_m [Wb] と書こう. 磁束の単位は（**ウェーバー**[*2]，weber）である.

$$磁束の単位 = Wb（weber：ウェーバー）\tag{15.3}$$

　磁束密度（magnetic flux density）$\boldsymbol{B}$ [T] はベクトルであり，向きは磁力線の向きと同じ（真空中）で，大きさは，単位面積を垂直に貫く磁束（磁束線の本数）と定義される[*3]. SI 単位での磁束密度 $\boldsymbol{B}$ [T] の単位は，T（**テスラ**[*4]，tesla = Wb/m^2）である.

　さて，電束密度に対してガウスの法則が成り立った. 同様に，磁束密度に対するガウスの法則は，

> **磁束に関するガウスの法則**
> 　任意の閉曲面を内から外へ貫く全磁束は，ゼロである.

$\tag{15.4}$

と表される. すなわち，閉曲面に入る磁束と出て行く磁束の量は等しい. いいかえると，**磁束密度は連続していて途切れることがない**. これは，電気と磁気の根源的な違いによる. 電

　[*1]　電場 $\boldsymbol{E}$ [V/m] と同様に磁場 $\boldsymbol{H}$ [A/m] も定義でき，$\boldsymbol{B} = \mu_0 \boldsymbol{H}$ [T] の関係があるが，本書では使用しない.

　[*2]　Weber, Wilhelm E.（ドイツ，1804 - 1891）：ガウスらとともに地磁気の研究をするなど，電磁現象の解明に活躍した. 電磁気の単位の整理にも貢献した.

　[*3]　空間の各点で磁束密度ベクトルが定義された空間を，磁場という.

　[*4]　Tesla, Nikola（アメリカ，1856 - 1943）：エジソンの会社に入社したが，エジソンが直流にこだわったため，対立して独立した. 交流機器（テスラシステム）の開発に成功し，結局，「直流・交流戦争」はエジソンの敗北に終わった.

荷は単独で存在するが，磁極は単独では存在しない[*5]．すなわち，閉曲面に含まれる正味の磁極の総数（N 極と S 極の代数和）は必ずゼロである．

● 15.2.2 ● アンペールの法則

電流が周りに磁場をつくることは，1819 年，エールステッド[*6] により発見された．それを聞いたアンペール[*7] はすぐに実験をして，**アンペールの法則**（Ampère's law）など，電気力学上の重要な法則を発見した．

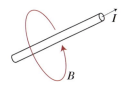

図 15.2 直線電流のつくる磁場

アンペールは，「電流の周りに，右ねじの回転する向きに磁場が生じる」[*8] ことを発見した（図 15.2）．アンペールの法則は，電流を囲む任意の閉曲線について，次のように表される．

> **アンペールの法則**
>
> 　閉曲線に沿って，磁束密度の接線成分を 1 周積分した値 (15.5)
> ＝ μ_0 × 閉曲線を縁とする面を垂直に貫く電流の値

● ●

[例題 15.1]　直線電流の周りの磁場

十分長い直線電流 I [A] から距離 r [m] での磁束密度の大きさ $B(r)$ [T] は，次式で与えられることを示しなさい．

$$B(r) = \frac{\mu_0}{2\pi r} I \ [\text{T}] \tag{15.6}$$

[解] 電流に垂直な平面内で，電流を中心とした半径 r [m] の円を考えよう．この周上の磁束密度の大きさ $B(r)$ [T] は一定であり，1 周の距離は $2\pi r$ [m] であるから，アンペールの法則より，$2\pi r B(r) = \mu_0 I$ [T·m] である．したがって，(15.6) が求まる．

● ●

(15.6) と (15.2) とから，

$$\text{磁束密度の単位} = \text{T} = \text{N}/(\text{m·A}) \tag{15.7}$$

という関係があることがわかる．

一様な物質中では，(15.6) において透磁率 μ （$\mu > \mu_0$）におきかわる．

[*5]　N 極と S 極は対として存在し，分離できない．単独の N 極または S 極を単極子という．単極子は発見されていない．

[*6]　Ørsted, Hans C.（デンマーク，1771 – 1851）：cgs 単位系の磁場の単位にその名を残す．電流の磁気作用を発見した．公衆の前で演示実験をしていたとき，電流により磁針が振れるのを偶然見付けた．

[*7]　Ampère, André – Marie（フランス，1775 – 1836）：幼い頃から数学の才能などに優れていた．1809 年にパリのエコール・ポリテクニークの数学教師の職を得て，確率論などの研究をしていた．エールステッドの発見に刺激され，1820 年に 2 本の電流の間に力がはたらくこと，電流回路は磁石のように振舞うことなどを発見した．

[*8]　磁場の向きは，電荷の正負の定義，電流の向きの定義などからそのように決まる．

（15.6）を用いると，（15.1）は次のように書ける.

$$F = B_1 I_2 l = B_2 I_1 l \text{ [N]} \tag{15.8}$$

ここで，B_1 [T]，B_2 [T] は，それぞれ電流 I_1 [A]，I_2 [A] によってつくられる磁束密度の大きさである.

● 発展的事項：ビオ – サバールの法則

ビオとサバールは，電流が周囲の空間につくる磁場を計算する公式（**ビオ – サバールの法則**（Biot – Savart's law））を見付けた. 電流素片 $I\,d\boldsymbol{l}$ [m·A] が位置 $\boldsymbol{r}'$ [m] にあるとき，点 $\boldsymbol{r}$ [m] での磁束密度ベクトル $d\boldsymbol{B}$ [T] は次式で与えられる（図 15.3）.

$$d\boldsymbol{B}(\boldsymbol{r}) = \frac{\mu_0 I\,d\boldsymbol{l} \times (\boldsymbol{r} - \boldsymbol{r}')}{4\pi|\boldsymbol{r} - \boldsymbol{r}'|^3} \text{ [T]} \quad \text{（ビオ – サバールの法則）} \tag{15.9}$$

実際の磁場は，この式を計算機などにより，電流に沿って積分して得ることができる.

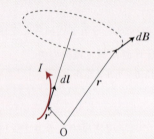

図 15.3 ビオ – サバールの法則

● 15.2.3 ● 電 磁 石

アンペールの法則を用いて，電流のつくる磁場を計算しよう. そして，いろいろな電磁石のつくる磁場を計算しよう.

問題 15.1 ＊円電流のつくる磁場

半径 r_0 [m] の円電流 I [A]（図 15.4）における，中心での磁束密度の大きさ B [T] は次式で与えられることを，ビオ – サバールの法則を用いて示しなさい.

$$B = \frac{\mu_0 I}{2 r_0} \text{ [T]} \tag{15.10}$$

● 発展的事項：円電流と磁石

円電流のつくる磁場は，図 15.4 のようになっている. よって，円電流は短い磁石のように振舞うことがわかる. このことは，物質の磁性が，電子のもつ磁石の性質（スピン），および，原子の周りの電子による電流によって生じることを示唆する.

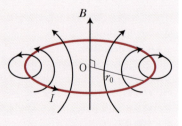

図 15.4 円電流のつくる磁場

また，地磁気も，地球のコア部分の融けた鉄の流れが電流となって生じていると考えられている．磁針の N 極が北を指すことからわかるように，地球の北極は S 極，南極は N 極になっている．地球の N 極，S 極は百万年の時間スケールで逆転していることもわかっている．

ヘルムホルツコイル

同じ半径の 2 つの円電流コイルを，コイルの中心軸上に，半径と同じ距離だけ離して置いたものを**ヘルムホルツ**[*9]コイルという（図 15.5）．このとき，2 つのコイルの中心を結ぶ線上の中央（図中の点 O）付近の磁束密度の大きさはほぼ一定であり，簡便な磁場発生装置として使われている．

次に，円電流を連ねた**ソレノイド**（solenoid）について考えよう．

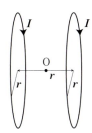

図 15.5 ヘルムホルツコイル

・・・

例題 15.2 ソレノイド

単位長さ当りの巻数 n [m^{-1}] の十分長いコイルに，電流 I [A] を流した．このとき，コイルの内外の磁束密度 B [T] が，次のように与えられることを示しなさい．

$$|B| = \begin{cases} \mu_0 nI \ [\text{T}] & (\text{内側}) \\ 0 \ \text{T} & (\text{外側}) \end{cases} \qquad (15.11)$$

[解] 磁束密度の向きは，対称性からコイルの軸（図 15.6 の水平方向）に平行に，右ねじの進む向きになるであろう[*10]．ソレノイドの内部と外部の磁束密度の大きさは，対称性によりそれぞれ一定である．それぞれ B_in [T] と B_out [T] としよう．

図 15.6 のような積分路 CDEF（CD = EF = l）をとり，アンペールの法則を用いると，閉曲線 CDEF を垂直に貫く電流は nlI [A] であり，DE と FC での寄与は対称性によりキャンセルするので，

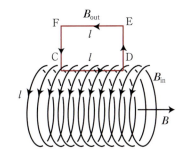

図 15.6 空芯ソレノイド

$$(B_\text{in} - B_\text{out})l = \mu_0 nIl \ [\text{T·m}] \qquad (15.12)$$

---

*9 von Helmholtz, Hermann L. F.（ドイツ，1821‑1894）：医学校で学位を取得した．ジュールの実験から熱力学第 1 法則を導き，エネルギー保存則を確立させた 1 人と見なされる．音色の違いの説明や内耳の機能に関する理論など，功績は多岐にわたる．

*10 磁場の向きを簡単に知るには，右手を使う．親指を立てて右手を握り，親指以外の指の向きが電流の向きとすると，親指の向きが磁場の向きとなる．

が得られる．$B_{\text{out}} = 0$ であることは，積分路の DE，FC を無限遠に変えてみるとわかる．無限遠では $B_{\text{out}} = 0$ である．よって（15.11）が得られる．

・・

問題 15.2　超伝導空芯ソレノイド電磁石の磁場

超伝導空芯ソレノイド電磁石の磁場を計算しよう．単位長さ当りの巻数が $200\,\text{m}^{-1}$，電流が 5000 A のときの磁束密度の大きさを求めなさい．ただし，真空の透磁率を $4\pi \times 10^{-7}\,\text{N/A}^2$ とする．

次に，**トロイダルコイル**（troidal coil）の磁場について見てみよう．

・・

例題 15.3　トロイダルコイル（空芯）

電線を一様に N 回巻いて，内半径 r_1 [m]，外半径 r_2 [m] のドーナツ型のトロイダルコイルをつくった（図 15.7）．電線に電流 I [A] を流したとき，内部にどのような磁場ができるか．

[解]　積分路として，ドーナツの内側に半径 r（$r_1 \leq r \leq r_2$）[m] の円周をとろう．対称性により，$|\boldsymbol{B}(\boldsymbol{r})| = B(r)$ [T] で，その向きは円周方向である．1 周の長さは $2\pi r$ [m] であるから，アンペールの法則より

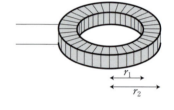

図 15.7　トロイダルコイル

$$2\pi r B(r) = \mu_0 NI \text{ [A]} \tag{15.13}$$

となる．よって，次式を得る．

$$B(r) = \frac{\mu_0 NI}{2\pi r} \text{ [T]} \tag{15.14}$$

・・

トロイダルコイルは，ソレノイドコイルの両端を結合した構造になっており，コイルの外側の磁場はゼロである．

問題 15.3　トロイダルコイルの磁場の値

例題 15.3 において，$N = 500$，$I = 10$A，$r = 50\,\text{cm}$ のときの磁束密度の大きさを求めなさい．

15.3　磁場中の電荷や電流にはたらく力

磁場中の電流には力がはたらく．これが**モーター**（motor）の原理であり，電気に仕事をさせる代表的な方法の 1 つである．

磁場中で電荷 q [C] が速度 $\boldsymbol{v}$ [m/s] で動くと，次式のような力 $\boldsymbol{F}$ [N]（狭義のローレンツ力）がはたらく（$\times$ は外積である）．

$$\boldsymbol{F} = q\boldsymbol{v} \times \boldsymbol{B} \text{ [N]} \tag{15.15}$$

電場 E [V/m] と磁場（磁束密度 B [T]）の両方が存在すると，(12.8) と (15.15) との重ね合わせにより，次式を得る．

$$F = q(E + v \times B) \text{ [N]} \quad （広義のローレンツ力の定義式） \tag{15.16}$$

これを**ローレンツ**[*11]**力**という[*12].

問題 15.4　**磁場中の電流にはたらく力**

磁束密度 B [T] の磁場中で，長さ l [m] の電流 I [A] にはたらく力 F [N] が，次のように与えられることを示しなさい．

$$F = Il\hat{l} \times B \text{ [N]} \tag{15.17}$$

ここで $\hat{l}$ は，電流方向の単位ベクトルである．

磁場中の電流にはたらく力の向きは，**フレミングの左手の法則**（Fleming's left‐hand law）を用いて決めることもできる[*13].

例題 15.4　**直流モーター**

図 15.8 のような直流モーターがある．磁束密度 B [T] のなかで，奥行き a [m]，幅 b [m] のコイルに I [A] の電流を流す．コイルを回転させようとする力の向きと大きさを求めなさい．

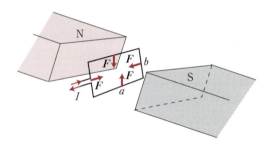

図 15.8　直流モーターの原理

[**解**]　コイルの長さ a [m] の辺の部分にはたらく力は，(15.8) により，それぞれ上下の向きに

$$F = IaB \text{ [N]} \tag{15.18}$$

の偶力がはたらく[*14]. コイルの長さ b [m] の辺の部分にはたらく力は，コイルを伸ばす（または縮める）向きにはたらき，回転には寄与しない．コイルを N 巻きにすると，力は N 倍になる．

[*11]　Lorentz, Henderik A.（オランダ, 1853‐1928）：相対運動する系の間の，ローレンツ変換などで有名．1904 年，マクスウェル方程式がローレンツ不変（4 次元時空での相対論的な不変性）であることを示した．

[*12]　(15.16) は，電場，磁場の定義と，相対論的（ローレンツ）不変性の要請から導かれる．

[*13]　すなわち，左手の親指，人差し指，中指を互いに垂直になるように立てると，その順に力（F），磁場（B），電流（I）の向きを表す．親指から順番に FBI と覚えるとよい．

[*14]　常に同じ向きに回転させるためには，電流をブラシなどにより反転させる必要がある．

第16章
電磁誘導と電磁波

学習目標

- 発電機の原理であるファラデーの法則を理解し，誘導起電力の計算ができるようになる．
- 受動素子の1つであるコイルと，その単位，インダクタンスを理解する．
- 電束密度の時間微分も電流（変位電流）であり，アンペール–マクスウェルの法則に拡張されることを理解する．
- これまでの法則がマクスウェル方程式としてまとめられ，それを解いて電磁波の解が得られることを知る．

キーワード

ファラデーの法則，誘導起電力，磁束の時間変化，レンツの法則，変位電流，電磁波，偏光

　時間変動する場について考える．いうまでもなく電気は現代社会を支えている．その電気をつくる発電機の原理である，電磁誘導の法則を理解し，3種類の受動素子[*1]の残りの1つであるコイルの動作について学ぶ．

　続いて，これまで出て来た法則が，マクスウェルによって，1864年にマクスウェル方程式としてまとめられたこと，それを解いて真空を伝わる電磁波の解が得られたことを学ぶ．

16.1 電磁誘導

　場の時間変化を考えるときが来た．この節では，磁束の時間変化によって，電場が生じることを学ぼう．これは，発電機の原理である．

　ファラデーは，電流が磁場をつくること（アンペールの法則）を聞き，その逆も可能であると考えて，いろいろと試し，1831年に**電磁誘導**（electromagnetic induction）の法則を発見した．必要なことは，磁石またはコイルを動かす（時間変化を与える）ことだった（図16.1）．この発見が発電機

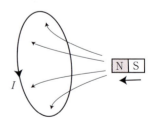

図 16.1 ファラデーの法則

---

　*1　電気抵抗，コンデンサー，コイルの3つを受動素子（passive element）という．これに対し，能動素子は，整流作用や増幅作用など能動的な動作をする素子であり，ダイオードやトランジスターがその例である．

の発明につながり，現代の電気文明のもととなったのである[*2].

15.3節で，モーターの原理を学んだ．すなわち，磁場中でコイルに電流を流すと回転力が生じる．逆に，コイルを外力で回してやると，発電機になる．外力としては，水力，風力，火力，原子力，地熱，潮力などさまざまなものが使われる．しかし，力は別でも，タービンを回し，磁場中でコイルを回転させて発電していることは共通である．

ファラデーの法則

　任意の閉曲線を貫く磁束が時間変化すると，その周りに**誘導起電力**（induced voltage）が生じる．

$$誘導起電力 = - \frac{磁束の変化}{変化に要した時間} \tag{16.1}$$

　誘導起電力 V [V] の大きさは，磁束 Φ_{m} [Wb] の時間微分に等しく，その向きは変化を妨げる向きである（レンツの法則）．微分を用いると，次式で与えられる．

$$V = - \frac{d\Phi_{\mathrm{m}}}{dt} \,[\mathrm{V}] \quad (\textbf{ファラデーの法則}（\text{Faraday's law}）) \tag{16.2}$$

負符号はレンツの法則を表す．すなわち，起電力は，磁束の変化を妨げる向きに生じる．

● **発展的事項：電磁調理器**

　日常生活で電磁誘導を利用したものに，電磁調理器（IH：induction heater）がある．$20 \sim 50$ kHz の高周波電圧をうず巻き状の加熱コイルにかけて，交流の磁気を発生させる．すると，上に置いた金属性の鍋の底に渦電流が流れる．この高周波は，50 Hz（または60 Hz）の交流を整流した後，高周波インバータ（直流を交流に変換する装置）によって発生させる．

　ここでは，渦電流によるジュール熱が重要であり，抵抗が小さい銅やアルミニウムの鍋は，抵抗を高めて使用できるようにしている．磁気回路を閉じるために，鉄製の鍋を用いるのが一般的である．直接，火を使わなくて済むので，より安全であり，エネルギー変換効率も $83 \sim 86\%$ とよいことから，最近普及している．

▪▪

例題 16.1 **発電機（磁場中の回転コイル）**

　磁場（磁束密度 $\boldsymbol{B}$ [T]）のなかで，面積 A [m²] のコイルを角周波数 ω [rad/s] で回転させたとき生じる，誘導起電力を求めなさい（図16.2）．

　[解]　図16.2の位置でのコイルを貫く磁束は，$\Phi_{\mathrm{m}} = BA\cos\theta$ [Wb]．$\theta = \omega t$ [rad] として

　[*2] ファラデーは，一般公衆に科学の発見などを伝えることが重要と考えていた．さっそく，この発見を披露したところ，「それが何の役に立つのか」という質問が出た．それに対する答えが2通り伝わっている．1つは「生まれたばかりの赤ん坊が，将来何になるかわからないでしょう．」というもの．もう1つは質問者が役人で，「百年後に，あなた方役人は，これに税金をかけているでしょう．」であったとのこと．基礎科学の重要さを端的に表す言葉として有名である．

$$V = -\frac{d\Phi_{\mathrm{m}}}{dt} = \omega AB \sin \omega t \;[\mathrm{V}] \tag{16.3}$$

となることから，交流起電力が得られる．コイルの巻き数を増やせば，それに比例した電圧が得られる[*3]．

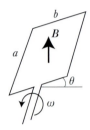

図 16.2　発電機の原理

16.2　インダクタンス

受動素子として，これまでコンデンサーと抵抗を学んだ．ここでは，もう 1 つの受動素子，コイルについて学ぼう．

● 16.2.1 ●　自己インダクタンス

コイルに流れる電流によって生じる磁束の大きさ $\Phi_{\mathrm{m}}(t)\,[\mathrm{Wb}]$ は，電流 $I(t)\,[\mathrm{A}]$ に比例する．

$$\Phi_{\mathrm{m}}(t) = L'I(t)\;[\mathrm{Wb}] \tag{16.4}$$

ここで比例係数を $L'\,[\mathrm{H}]$ とおいた．ファラデーの法則から，コイルの巻き数を N とすると

$$V(t) = -N\frac{d\Phi_{\mathrm{m}}(t)}{dt} = -NL'\frac{dI(t)}{dt} \equiv -L\frac{dI(t)}{dt}\;[\mathrm{V}] \tag{16.5}$$

となる．比例係数 $L\,[\mathrm{H}]$ は**自己インダクタンス**（self inductance）とよばれる．**インダクタンス**の単位は H（ヘンリー，henry）である．

$$\text{インダクタンスの単位} = \mathrm{H} = \mathrm{Wb/A} = \mathrm{V\cdot s/A} = \Omega\cdot\mathrm{s} \tag{16.6}$$

例題 16.2　　ソレノイドの自己インダクタンス

長さ $l\,[\mathrm{m}]$，断面積 $A\,[\mathrm{m}^2]$，巻数 N のソレノイドコイルに電流 $I\,[\mathrm{A}]$ を流したとき，ソレノイドの自己インダクタンスを求めなさい．

[解]　コイルの内側に生じる磁束密度は，(15.11) より，$B = \mu_0 NI/l\,[\mathrm{T}]$ である．したがって，コイルを貫く磁束は

$$\Phi_{\mathrm{m}} = BA = \frac{\mu_0 NAI}{l}\;[\mathrm{Wb}] \tag{16.7}$$

---

*3　実際の発電機では，コイルではなく磁石を回転させている．発生する大電流が動かないため，絶縁がしやすく，外にとり出しやすい．

となる．磁束が時間変化すると，コイル一巻当りの誘導起電力を $V^{(1)}(t)$ とすれば，

$$V^{(1)}(t) = -\frac{d\Phi_{\mathrm{m}}(t)}{dt} = -\frac{\mu_0 NA}{l}\frac{dI(t)}{dt} \,[\mathrm{V}] \tag{16.8}$$

$$V(t) = NV^{(1)}(t) = -\frac{\mu_0 N^2 A}{l}\frac{dI(t)}{dt} \,[\mathrm{V}] \tag{16.9}$$

となる．よって，次式を得る．

$$L = \frac{\mu_0 N^2 A}{l} \,[\mathrm{H}] \tag{16.10}$$

● 16.2.2 ● 相互インダクタンス

　コイル 1（巻き数 N_1）と 2（巻き数 N_2）に，それぞれ電流 $I_1(t)\,[\mathrm{A}]$ と $I_2(t)\,[\mathrm{A}]$ が流れている．コイル 2 を貫く，コイル 1 によって生じた磁束 $\Phi_{\mathrm{m}2\leftarrow1}(t)\,[\mathrm{Wb}]$ は，$I_1(t)\,[\mathrm{A}]$ に比例するはずである．コイル 1 の方も同様なので $I_1(t)\,[\mathrm{A}]$，$I_2(t)\,[\mathrm{A}]$ の時間変化により

$$V_2(t) = -N_2\frac{d\Phi_{\mathrm{m}2\leftarrow1}(t)}{dt} \equiv -M_{21}\frac{dI_1(t)}{dt} \,[\mathrm{V}] \tag{16.11}$$

$$V_1(t) = -N_1\frac{d\Phi_{\mathrm{m}1\leftarrow2}(t)}{dt} \equiv -M_{12}\frac{dI_2(t)}{dt} \,[\mathrm{V}] \tag{16.12}$$

となる．一般に，$M_{12}\,[\mathrm{H}]$ と $M_{21}\,[\mathrm{H}]$ は等しく（相反定理），

$$M = M_{12} = M_{21} \,[\mathrm{H}] \tag{16.13}$$

を **相互インダクタンス**（mutual inductance）とよぶ．

例題 16.3　**変圧器**

　鉄心（透磁率 $\mu\,[\mathrm{H/m}]$，断面積 $A\,[\mathrm{m}^2]$）の変圧器がある．その 1 次側の単位長さ当りの巻き数を $n_1\,[\mathrm{m}^{-1}]$，2 次側のそれを $n_2\,[\mathrm{m}^{-1}]$ とするとき，2 次側と 1 次側の電圧の比が n_2/n_1 になることを示しなさい（図 16.3）．

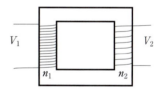

図 16.3　変圧器

[解]　1 次側のコイルに $I_1(t)\,[\mathrm{A}]$ を流して生じる磁束 $\Phi_1(t)\,[\mathrm{Wb}]$ は，(16.7) で $\mu_0 \to \mu$，$N/l \to n_1$ とおいて，

$$\Phi_{\mathrm{m}1}(t) = L_1' I_1(t) = \mu n_1 A\, I_1(t) \,[\mathrm{Wb}] \tag{16.14}$$

である．平均の周長を $l\,[\mathrm{m}]$ とすると，この $\Phi_{\mathrm{m}1}(t)\,[\mathrm{Wb}]$ による自己誘導起電力 $V_1(t)\,[\mathrm{V}]$ は，(16.9) より

$$V_1(t) = -\mu n_1^2 lA\frac{dI_1(t)}{dt} \,[\mathrm{V}] \tag{16.15}$$

となる．一方，$\Phi_{\mathrm{m}1}(t)\,[\mathrm{Wb}]$ によりコイル 2 に生じる誘導起電力は，

$$V_2(t) = -n_2 l\frac{d\Phi_{\mathrm{m}1}}{dt} = -n_2 lL_1'\frac{dI_1}{dt} = -\mu n_1 n_2 lA\frac{dI_1(t)}{dt} \,[\mathrm{V}] \tag{16.16}$$

である．ゆえに

$$\frac{V_2(t)}{V_1(t)} = \frac{n_2}{n_1} \tag{16.17}$$

が得られる．$n_2\,[\text{m}^{-1}]$ と $n_1\,[\text{m}^{-1}]$ の比の値によって，交流を昇圧したり降圧したりすることができる．

なお，相互インダクタンスは

$$M_{12} = M_{21} = \sqrt{L_1 L_2} = \mu n_1 n_2 l A\ [\text{H}] \quad (\text{相反定理}) \tag{16.18}$$

であることもすぐ示せる．

16.3　変位電流と電磁波

マクスウェルは，アンペールの法則に変位電流を加えることによって，電場や磁場などが従うマクスウェル方程式を完成させた．アンペールによれば，電流があるとその周りに磁場が生じる．マクスウェルは，**電束密度の時間変化（変位電流（displacement current）とよぶ）の面積積分も電流である**と考え，通常の電流にその項を加えた．

● 16.3.1 ● 変位電流

充電中（または放電中）のコンデンサーの極板間では電流が流れず，電流がそこで途切れているように見える．しかし，変位電流を導入すれば，電流が連続的であると理解できる．これを次の例題で見てみよう．

例題 16.4　**コンデンサーと電流の連続性**

極板の面積が $A\,[\text{m}^2]$ のコンデンサーにおいて，極板間の電束密度の大きさを $D\,[\text{C/m}^2]$ とすると，極板間の $A(dD/dt)\,[\text{A}]$ が，回路を流れる電流と見なせることを示しなさい（図 16.4）．

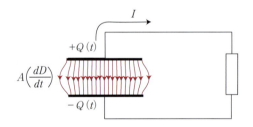

図 16.4 コンデンサーの極板間を流れる変位電流

[**解**]　極板間には，電束密度が存在している．コンデンサーの極板の面積を $A\,[\text{m}^2]$，間隔を $d_0\,[\text{m}]$ とすると，コンデンサーの容量は $C = \varepsilon_0 A / d_0\,[\text{F}]$，コンデンサーにかかる電圧を $V\,[\text{V}]$，電場，電束密度の大きさをそれぞれ $E\,[\text{V/m}]$，$D\,[\text{C/m}^2]$ とすると，$V = Ed = Dd_0/\varepsilon_0\,[\text{V}]$ となる．電荷を $Q\,[\text{C}]$ とすると，$Q = CV\,[\text{C}]$ である．

以上から，この両辺を $t\,[\text{s}]$ で微分したものを考えると，

$$I = \frac{dQ}{dt} = C\frac{dV}{dt} = A\frac{dD}{dt}\ [\text{A}] \tag{16.19}$$

が得られる[*4]. よって，電束密度の時間微分に面積を掛けたものは電流と見なしてよいことがわかる.

■■■

変位電流によって磁場ができることも確認された. 拡張されたアンペールの法則を，**アンペール‑マクスウェルの法則**という.

●16.3.2● 電 磁 波

マクスウェルによって，電磁気現象の基本法則がマクスウェル方程式としてまとめられ，その真空解として電磁波の解が得られたことを定性的に学ぼう.

マクスウェル方程式は，次の4つの法則を式で表したものである.

1. 電束密度に対するガウスの法則（任意の閉曲面を貫く全電束は，その内部に含まれる全電荷に等しい.）
2. 磁束密度に対するガウスの法則（任意の閉曲面を貫く全磁束は，ゼロである.）
3. アンペール‑マクスウェルの法則（電流（変位電流を含む）があると，周りに磁場ができる.）
4. ファラデーの法則（閉回路を貫く磁束が時間変化すると，それを妨げる向きに起電力が生じる.）

マクスウェルは，これら4つの法則を定式化し，その真空解を考えたところ，E [V/m] と B [T] が波動方程式[*5]を満たすことを示した. さらに，得られた波動方程式から，波の速さは $1/\sqrt{\varepsilon_0\mu_0}$ [m/s] と導かれ，その値を計算すると，なんと光速 c [m/s] と値がほぼ一致した!! このことからマクスウェルは，この速度は光速に違いないと推論し，光も電磁波であると予言した. すなわち，以下が成り立つ.

$$c = \frac{1}{\sqrt{\varepsilon_0\mu_0}} \text{ [m/s]} \tag{16.20}$$

1888年，**ヘルツ**[*6]によって電磁波の存在が実証され，現代のテレビや携帯電話が全盛の時代が切り拓かれた. 主な周波数の電磁波を，表16.1にまとめた.

ある向きに進む波は，平面波となっている. 平面波は，任意の時刻の電場や磁場が，ある平面（図16.5では xy 平面）で至るところ一定である波である. 真空中を伝わる電磁波では，電場と磁束密度は互いに直交し，また，進行方向とも直交する（図16.5）. すなわち，

---

　*4　この式は，次のようにして得られる. 電荷が Δt [s] の間に ΔQ [C] だけ変化したとすると，電流は，単位時間に流れた電荷という定義により，$I = \Delta Q/\Delta t$ [A] と書ける. $\Delta Q = C\Delta V$ [C] であり，Δt [s] で割って，$\Delta t \to 0$ とした.

　dD/dt [A/m²] は，一般には $\partial D/\partial t$ [A/m²] と偏微分で書くべきである. それは，場の量は空間座標の関数でもあり，多変数関数であるからである. 偏微分は，他の変数を定数として，その変数のみで微分する演算である.

　*5　波動が満たす方程式. 波動方程式はニュートンの運動方程式から導くことができる.

　*6　Hertz, Heinrich R.（ドイツ，1857‑1894）：ヘルムホルツの門下生. マクスウェル方程式を現在の形にまとめた. 光電効果を発見した人でもある. SI 単位の周波数の単位に名を残す.

表 16.1　主な電磁波の波長帯とその応用

電磁波	記号	波長 λ	振動数 $f = c/\lambda$	主な用途
長波	LF	≥ 1 (km)	$\leq 300\,\text{kHz}$	船舶無線, 標準電波
中波	MF	$0.1 \sim 1$ (km)	$0.3 \sim 3\,\text{MHz}$	AM ラジオ放送, 交通情報
短波	HF	$10 \sim 100$ (m)	$3 \sim 30\,\text{MHz}$	短波放送, 標準電波
赤外線	IR	$1.5 \sim 100$ (μm)	$3 \sim 380\,\text{THz}$	リモコン, CD プレーヤ
可視光線		$380 \sim 780$ (nm)	$380 \sim 790\,\text{THz}$	可視光
紫外線		$10 \sim 380$ (nm)	$0.79 \sim 30\,\text{PHz}$	半導体製造装置
X 線	X	$1 \sim 10000$ (pm)	$0.03 \sim 300\,\text{EHz}$	X 線写真
γ 線	γ	$< 1\text{pm}$	$> 300\,\text{EHz}$	殺菌, 癌治療など

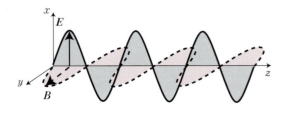

図 16.5　電磁波の電場 E は xz 平面, 磁束密度 B は yz 平面で振動している.

電磁波は横波である. また, 電場 E [V/m] と磁束密度 B [T] の大きさは互いに比例し, 次の関係があることも導かれる.

$$B = \frac{E}{c}\ [\text{T}] \tag{16.21}$$

● 16.3.3 ●　偏　光

　図 16.5 のように, 電場（あるいは磁束密度）が, ある平面内で振動しているときの電磁波を, 直線偏光の電磁波という（図 16.5）. 例えば, 携帯電話の液晶画面を偏光板を通して見てみよう. 偏光板を画面に平行に回してみると, ある角度で画面が真っ暗になるであろう. これは, 液晶画面が偏光を利用していることによる. 通常の光では, 偏光面がいろいろな方向を向いているが, 反射光は一般に直線偏光になる. 反射光をカットするために偏光板が使われるのは, このためである.

　偏光には, 直線偏光の他に, 電場の振動面が時間とともに回転している楕円偏光がある.

索　　　引

理工系の 物理学入門　スタンダード版

2017 年 11 月 25 日　　第 1 版 1 刷発行
2022 年 2 月 10 日　　第 3 版 1 刷発行

著　者　　大　成　逸　夫
　　　　　田　村　忠　久
　　　　　渡　邊　靖　志
発行者　　吉　野　和　浩
発行所　　東京都千代田区四番町 8－1
　　　　　電　話　03-3262-9166（代）
　　　　　郵便番号　102-0081
　　　　　株式会社　裳　華　房
印刷所　　株式会社　真　興　社
製本所　　株式会社　松　岳　社

検　印
省　略

定価はカバーに表
示してあります.

ISBN 978-4-7853-2259-5

© 大成逸夫・田村忠久・渡邊靖志, 2017　Printed in Japan

本質から理解する 数学的手法

荒木　修・齋藤智彦 共著　Ａ５判／210頁／定価 2530円（税込）

　大学理工系の初学年で学ぶ基礎数学について，「学ぶことにどんな意味があるのか」「何が重要か」「本質は何か」「何の役に立つのか」という問題意識を常に持って考えるためのヒントや解答を記した．話の流れを重視した「読み物」風のスタイルで，直感に訴えるような図や絵を多用した．

【主要目次】1. 基本の「き」　2. テイラー展開　3. 多変数・ベクトル関数の微分　4. 線積分・面積分・体積積分　5. ベクトル場の発散と回転　6. フーリエ級数・変換とラプラス変換　7. 微分方程式　8. 行列と線形代数　9. 群論の初歩

力学・電磁気学・熱力学のための 基礎数学

松下　貢 著　Ａ５判／242頁／定価 2640円（税込）

　「力学」「電磁気学」「熱力学」に共通する道具としての数学を一冊にまとめ，豊富な問題と共に，直観的な理解を目指して懇切丁寧に解説．取り上げた題材には，通常の「物理数学」の書籍では省かれることの多い「微分」と「積分」，「行列と行列式」も含めた．

【主要目次】1. 微分　2. 積分　3. 微分方程式　4. 関数の微小変化と偏微分　5. ベクトルとその性質　6. スカラー場とベクトル場　7. ベクトル場の積分定理　8. 行列と行列式

大学初年級でマスターしたい 物理と工学の ベーシック数学

河辺哲次 著　Ａ５判／284頁／定価 2970円（税込）

　手を動かして修得できるよう具体的な計算に取り組む問題を豊富に盛り込んだ．

【主要目次】1. 高等学校で学んだ数学の復習 －活用できるツールは何でも使おう－　2. ベクトル －現象をデッサンするツール－　3. 微分 －ローカルな変化をみる顕微鏡－　4. 積分 －グローバルな情報をみる望遠鏡－　5. 微分方程式 －数学モデルをつくるツール－　6. 2階常微分方程式 －振動現象を表現するツール－　7. 偏微分方程式 －時空現象を表現するツール－　8. 行列 －情報を整理・分析するツール－9. ベクトル解析 －ベクトル場の現象を解析するツール－　10. フーリエ級数・フーリエ積分・フーリエ変換 －周期的な現象を分析するツール－

物理数学　［裳華房テキストシリーズ - 物理学］

松下　貢 著　Ａ５判／312頁／定価 3300円（税込）

　数学的な厳密性にはあまりこだわらず，直観的にかつわかりやすく解説した．とくに学生が躓きやすい点は丁寧に説明し，豊富な例題と問題，各章末の演習問題によって各自の理解の進み具合が確かめられる．

【主要目次】Ⅰ．常微分方程式（1階常微分方程式／定係数2階線形微分方程式／連立微分方程式）　Ⅱ．ベクトル解析（ベクトルの内積，外積，三重積／ベクトルの微分／ベクトル場）　Ⅲ．複素関数論（複素関数／正則関数／複素積分）　Ⅳ．フーリエ解析（フーリエ解析）

表4 ギリシャ文字

小文字	大文字	読み（英語）	小文字	大文字	読み（英語）
α	A	アルファ（alpha）	ν	N	ニュー（nu）
β	B	ベータ（beta）	ξ	Ξ	グザイ（xi）
γ	Γ	ガンマ（gamma）	o	O	オミクロン（omicron）
δ	Δ	デルタ（delta）	π	Π	パイ（pi）
ε	E	エプシロン（epsilon）	ρ	P	ロー（rho）
ς	Z	ゼータ（zeta）	σ	Σ	シグマ（sigma）
η	H	エータ（eta）	τ	T	タウ（tau）
θ	Θ	シータ（theta）	υ	Υ	ウプシロン（upsilon）
ι	I	イオタ（iota）	ϕ	Φ	ファイ（phi）
κ	K	カッパー（kappa）	χ	X	カイ（chi）
λ	Λ	ラムダ（lambda）	ψ	Ψ	プサイ（psi）
μ	M	ミュー（mu）	ω	Ω	オメガ（omega）

表5 天文定数

地球の赤道半径	6.378137×10^6 m
地球の質量	5.9742×10^{24} kg
月の半径	1.738×10^6 m
月の質量	7.348×10^{22} kg
地球と月の間の距離	3.844×10^8 m
太陽の半径	6.96×10^8 m
太陽の質量	1.9891×10^{30} kg
地球と太陽の間の距離	$1.49597870 \times 10^{11}$ m

表6 関数とその導関数

関数	導関数
x^α	$\alpha x^{\alpha-1}$
$\sin x$	$\cos x$
$\cos x$	$-\sin x$
e^x	e^x
$\ln x$	$\dfrac{1}{x} \quad (x > 0)$
$f(g(x))$	$\dfrac{df}{dg}\, g'(x)$
$f(x)g(x)$	$f'(x)g(x) + f(x)g'(x)$

表 7　三角関数

$$\tan \theta = \frac{\sin \theta}{\cos \theta}$$

$$\sin (-\theta) = - \sin \theta$$

$$\cos (-\theta) = \cos \theta$$

$$\sin^2\theta + \cos^2\theta = 1$$

$$\sin (\alpha + \beta) = \sin \alpha \cos \beta + \cos \alpha \sin \beta$$

$$\cos (\alpha + \beta) = \cos \alpha \cos \beta - \sin \alpha \sin \beta$$

表 8　テイラー展開（近似式（$|x| \ll 1$））

$$f(x + \Delta x) = \sum_{n=0}^{\infty} \frac{f^{(n)}(x)}{n!} (\Delta x)^n, |\Delta x| \ll 1, n! = n \times (n-1) \times \cdots \times 1$$

$$\exp (x) \equiv e^x = 1 + x + \frac{x^2}{2} + \frac{x^3}{3!} + \cdots + \frac{x^n}{n!} + \cdots$$

$$\sin x = x - \frac{x^3}{3!} + \cdots + \frac{(-1)^n x^{2n+1}}{(2n+1)!} + \cdots$$

$$\cos x = 1 - \frac{x^2}{2} + \cdots + \frac{(-1)^n x^{2n}}{(2n)!} + \cdots$$

$$\tan x = x + \frac{x^3}{3} + \frac{2x^5}{15} + \cdots$$

$$\ln (1 + x) \equiv \log_e (1 + x) = x - \frac{x^2}{2} + \cdots + \frac{(-1)^n x^{n+1}}{n+1} + \cdots$$

表 9　ベクトルの内積と外積

$$\boldsymbol{A} \cdot \boldsymbol{B} = A_x B_x + A_y B_y + A_z B_z = AB\cos\theta$$

$$\boldsymbol{A} \times \boldsymbol{B} = (A_y B_z - A_z B_y, A_z B_x - A_x B_z, A_x B_y - A_y B_x), |\boldsymbol{A} \times \boldsymbol{B}| = AB\sin\theta$$